沼气技术手册

——户用沼气篇

邱 凌 董保成 李景明 主编

中国农业出版社

编　委　会

前 言

推进农村沼气建设是党中央、国务院做出的重大战略决策，是加快转变农业增长方式的重要举措，是社会主义新农村建设的重要内容，是农村基础设施建设的重点工程。近年来，中央出台了一系列扶持和促进农村沼气发展的政策措施，仅"十一五"期间，中央就累计投入农村沼气建设资金212亿元。截至2013年年底，据农业部的统计，全国沼气用户已达到4 150万户，建设各类沼气工程近10万处，成为新时期最重要的民生工程之一和新农村建设的一大亮点，被中央领导誉为我国应对气候变化最有效、最普遍的行动之一。

随着农村沼气的快速发展、建设数量的不断增长，农村沼气已经受到各级政府越来越多的关注，得到许多用户的欢迎。为了规范农村沼气设计、施工、运行和安全管理，特此出版一套《沼气技术手册》系列丛书，涉及户用沼气、沼气工程、设备与装备、材料等内容。《沼气技术手册》系列丛书以理论知识和图表、数据为主要内容，作为沼气行业从业者的参考工具书和指导用书。

　　《沼气技术手册——户用沼气篇》是《沼气技术手册》系列丛书之一，以户用沼气从业者为对象，系统介绍了完成户用沼气工程系统具体操作的知识、工艺、技术等。全书共分为8章，全面系统介绍了户用沼气的发展历程、沼气的基本特性、户用沼气系统规划设计、施工建设、运行管理、沼气综合利用、沼肥综合利用等方面的知识和技术。

　　本书在广泛征求相关专家、基层沼气工作者意见的基础上，经过多次讨论和修订后定稿。参加本书编写工作的有邱凌、董保成、李景明、石复习、郭晓慧、杨选民、朱琳、杨鹏、王飞、方放、席新明、梁勇、葛一洪、潘君廷、王玉莹、孙丽英、李冰峰等，并请张衍林、林聪、赵立欣、张榕林、颜丽等参加了审稿和修改工作。全书由邱凌和董保成统稿。由于专业知识水平有限，加之时间仓促，工作量大，书中不当之处在所难免，敬请读者提出宝贵建议，以便再版时修订。

编写组

2014 年 12 月

目 录

第一章　户用沼气发展历程与特征

能源是发展国民经济的重要物质基础，农村能源是关系农村经济发展和农民生活质量提高的大问题，沼气作为一种可再生清洁能源越来越受到世界各国的广泛关注。户用沼气技术是中国沼气技术研究中开展较早、研究最系统和全面，也是成效较大的领域，在这一领域居于世界领先地位，并在我国新农村建设中发挥着越来越显著的作用。

第一节　中国户用沼气发展历程

一、中国沼气早期发展概况

（一）沼气的萌芽

中国是研究和使用沼气较早的国家，利用水压式沼气池制取沼气已有近 100 年的历史。当时的沼气称为瓦斯，沼气池称为瓦斯库。早在 19 世纪 80 年代，我国广东潮梅一带民间就开始了制取瓦斯的试验，到 19 世纪末出现了简陋的瓦斯库，这种雏形的瓦斯生产方法，与现在利用垃圾填埋发酵制取沼气相似。即先在地上建好库坑，并将发

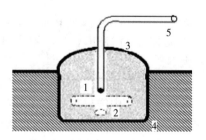

图 1-1　19 世纪末简陋的瓦斯库
1. 发酵池　2. 气体通道　3. 池盖
4. 地面　5. 输气管

酵原料堆聚坑中，然后在料堆上竖起一根导气直管，再用稀泥密封发酵（图1-1）。这种雏形结构很简单，只有发酵池、气体通道、池盖、输气管。因产气少、出料难而未付诸应用。

（二）沼气的初次发展

1920年前后，中国台湾省新竹县竹东镇罗国瑞先生总结前人经验，研究发明了"中华国瑞天然瓦斯库"，即长方形水压式沼气池，并在广东汕头、深圳等地推广。1929年的夏天，在广东省汕头市建立了中国第一个推广沼气的机构——汕头市国瑞瓦斯汽灯公司，并在深圳、大埔、香港等地推

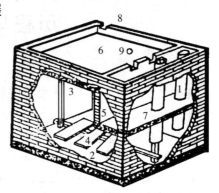

图1-2　中国早期的长方形水压式沼气池
1. 瓦筒　2. 原料槽　3. 瓦斯库　4. 搅木
5. 直水库　6. 横木库　7. 通水穴
8. 排水沟　9. 瓦斯探取口

广。1931年他又在上海设立了"中华国瑞天然瓦斯总行"，在全国各地推广沼气。这是我国在农村首次推广天然瓦斯，也是第一次将瓦斯应用到经济领域，为人类服务。当时的池型结构为地下水压式长方形，池内残渣无法排出，进料口容易堵塞，溢流口料液从库顶随意乱流，很不卫生，且无搅拌，表面易结壳（图1-2），加之池体密封性也不好，用了3年后停用，因此推广面积不大。

（三）沼气的二次发展

1958年，中国出现第二次推广沼气的热潮，这次热潮是在继承20世纪30年代推广天然瓦斯技术基础上，首先在湖北省武昌市推广开来。《人民日报》头版头条报道了武昌市推广沼气的经验和现场会议的情况。毛主席在武汉市参观应用沼气的展览时，发表了"沼气很好，这要好好地推广"的指示，导致了全国

掀起建设沼气池的高潮。由于一哄而上，操之过急，忽视技术和管理等原因，建池虽有数十万个，但没有巩固下来，大多废弃了。第二次热潮推广的沼气池将国瑞式沼气池作了改进，减少了直水库（出料连通管）的底高，将直水库置于瓦斯库外，如此的改变有利于施工建造，并且使各库气压保持不变。又将横直水库交接之隔墙取消，省工省料。一些科研单位和大专院校也设立了沼气研究机构，在池型设计、施工技术、发酵工艺以及沼气和残余物的综合利用等方面，作了大量的研究工作，积累了不少的经验和资料，为我国近期推广沼气准备了技术条件。

二、中国沼气近期发展概况

中国大规模发展户用沼气始于 20 世纪 70 年代，截止到 2013 年底，全国 4 150.37 万户家庭拥有沼气池（表 1-1）。在过去的 40 年间，由于社会、经济、环境、技术和政策等形势的不断变化，沼气的发展经历了曲折的路程，目前已经进入了持续、快速、稳定发展的新阶段。中国沼气近期发展大体可以分为四个历史阶段（图 1-3）：1973 年到 1983 年处于不稳定发展阶段，沼气的发展大起大落；1984 年到 1994 年处于调整阶段，发展缓慢；1995 年到 2000 年处于稳步发展阶段，发展速度逐年加快；进入 21 世纪后，中国沼气进入了持续、快速发展的新阶段。每个阶段的发展状况都是当时能源形势、经济和环境发展要求、技术水平和政策投入的反映。

表 1-1 中国近期户用沼气池历年保有量

年份	数量（万户）	年份	数量（万户）	年份	数量（万户）
1973	0.60	1977	576.88	1981	534.87
1974	46.35	1978	714.16	1982	499.38
1975	178.68	1979	658.97	1983	392.41
1976	435.39	1980	662.20	1984	449.70

（续）

年份	数量（万户）	年份	数量（万户）	年份	数量（万户）
1985	458.99	1994	542.97	2003	1 319.99
1986	454.47	1995	569.64	2004	1 541.03
1987	463.36	1996	602.12	2005	1 751.03
1988	465.29	1997	638.21	2008	3 048.90
1989	469.43	1998	688.76	2009	3 507.03
1990	476.66	1999	763.47	2010	3 850.80
1991	475.10	2000	848.10	2011	3 997.48
1992	498.21	2001	956.69	2012	4 083.01
1993	524.99	2002	1 109.99	2013	4 150.37

（一）沼气不稳定发展阶段

20 世纪 70 年代，由于中国农村人口的过快增长，加之农村政策指导上的失误，强调以粮为纲，大面积毁林开荒，生态环境受到严重破坏，致使农村能源资源大量减少，农村能源需求急剧增加，加剧了农村能源供求矛盾。政府和农民均看到了农村能源问题的迫切性，开始了大规模的沼气开发利用。1973 年中国科学院等部门召开了第一次沼气技术现场会，宣传介绍沼气技术。1977 年国务院正式确定由农业部主管沼气，在农业部设立了沼气办公室。在国家的政策和措施的推动下，农村户用沼气发展迅速，沼气池建设数量直线上升，1973 年到 1978 年 6 年时间发展到 700多万户，平均每年净增加 120 万户，形成了全国性的建设高潮。

虽然这一阶段的前期沼气迅速发展，但发展的势头和成果没有保持和巩固下去。1979 年之后，大量的沼气池开始报废或弃置不用。尽管在政府的推动下，沼气池的建设每年都在进行，但建设的速度放缓，而且新建的数量难以抵偿减少的数量，沼气池的保有量急剧下降。到 1983 年，全国沼气池保有量减少到392.4 万户，5 年间平均每年减少 64.4 万户，其中 1981 年减少

127.3万户。造成沼气发展大幅度回落的原因有技术、经济和管理等多方面的原因。

（1）施工和材料方面　由于缺乏研究和实践的基础，没有形成科学的建造施工标准，沼气池的质量难以保障；由于经济的原因，建造沼气池的材料是就地取材，土法上马，多数沼气池是由石灰、黄土和沙子建造而成的，使用寿命难以持久。

（2）使用方面　没有开发出更为科学的沼气池进出料的技术和机械，尤其是沼气池的换料（大出料）期间，沼气池停用，用户直接到沼气池中清理肥料，劳动强度很大而且危险，因此，许多沼气池进一次料就停止使用，成了一次性设施。

（3）适宜性方面　急于求成，全国一哄而上，没有对沼气技术的适应性进行认真分析研究。例如，北方地区气候寒冷，有半年时间不能正常产气，而且如不采取有效措施，经过一个冬季沼气池就会因冻裂而报废；有些地区因缺乏适宜的沼气发酵原料、缺乏沼气池后续维护管理及技术服务支持等，也使沼气的使用和发展受到影响。

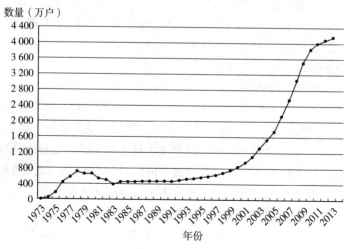

图1-3　中国近期户用沼气池发展历程

（二）沼气发展调整阶段

从 1984 年到 20 世纪 90 年代中期，是中国沼气发展的调整时期，发展缓慢。针对前一阶段沼气发展中的问题，1979 年国家放慢了沼气发展速度，重在维修病池，提高使用率。到 1984 年，由于大量质量很差的沼气池基本报废，质量较好的沼气池能够维持使用。此后新建沼气池与退役沼气池数量大体相抵，沼气池数量急剧减少的态势得到了遏制，从 1984 年到 1991 年沼气发展处于调整阶段，数量保持稳定并略有增加，8 年间沼气池的保有量仅增加了 82.7 万户，平均每年增加 10 万多户。

究其原因，一方面是由于当时中国的政治局面不稳定，国家和政府没有投入一定的资金对科研单位予以资助，也没有制定相应的政策给予优惠；另一方面，由于大部分农民没有足够的资金和技术来修建和管理沼气池，因此导致沼气池的建设数量下降，并且一些已经修建的沼气池也弃之不用。

（三）沼气稳步发展阶段

进入 20 世纪 90 年代之后，沼气技术不断发展和完善，国家经济和社会发展形势也发生了变化。在法规政策方面，国家在《农业法》《农业技术推广法》《环境保护法》等法律中都对农村能源问题做出了规定，把发展农村能源作为农业发展和环境保护的重要措施。这些都促进了沼气发展的复苏。到 1995 年，全国沼气发展到 570 万户，从 1992 年到 1995 年的 4 年间增加了 94.5 万户，平均每年增加 23.6 万户，与 1991 年相比，年均增长率 4.7%。户用沼气池的推广及应用走出低谷，呈上升发展趋势。

这个时期沼气开发和利用改变了过去单一解决农村能源短缺问题的观念，形成了以沼气为纽带的综合利用模式，极大地提高了沼气池的利用效益，使沼气技术不仅能解决农村能源问题，而且对发展庭院经济、增加农民收入作出了贡献，因而突破了能源领域，进入了农村经济建设市场。在"因地制宜，多能互补，综合利用，讲求效益"的农村能源综合建设方针的指引下，以沼气综合利用为纽带的各种模式的庭园农业生态工程模式，以其对农户生活和生产的显著效益而被迅速推广和深化。户用沼气池数量以 5% 的速度逐年增加，到 1996 年底发展到 602 万户。与此同时，广泛开展了各种形式的以沼气综合利用为纽带的庭园农业生态工程建设，覆盖面积达 1 600 万亩*，不但提高了效益，还增加了其自身发展活力。

（四）沼气快速发展阶段

进入 21 世纪后，农村沼气建设对促进农业结构调整、农业增效、农民增收和生态建设所起作用日益突出，产生了良好的综合效益。全国各地以沼气建设为核心、纽带、切入点或抓手，与改厨、改厕、改圈相结合，改变了农民传统的生活方式；与改路、改水、改庭院相结合，改变了农村面貌。农业部不断创新农村沼气建设思路，与时俱进，于 2000 年 1 月启动和实施了以沼气综合利用建设为重点、符合当前农业和农村经济发展新阶段的"生态家园富民计划"。2008 年之后，户用沼气每年建设 200 万户左右，截止到 2013 年底，在全国推广"三结合"（畜禽舍、卫生厕所、沼气池）沼气池 4 150.37 万户，取得了显著的经济、生态和社会效益。通过生态家园富民计划的实施，使农民生活环境得到明显改善，生产活动实现经济生态良性循环；使农民生活用能效率达到 30% 以上，优质能源占 50% 左右；使农民人均收入在原有基础上增加 1 000 元以上，形成农户基本生活、生产单元内部的生态良性循环，达到家居环境清洁化、庭院经济高效化、农业生产无害化。

第二节　户用沼气发展模式与特征

人们最初认识沼气，注重的是它的能源功能，随着科学技术

---

* 亩为非法定计量单位，1 亩≈667 米²，后同。

的发展和人类认识能力的提高，沼气的生态功能和环境功能越来越被人类所认可，沼气已经成为联结养殖和种植、生活用能和生产用肥的纽带，成为实现燃料、肥料和饲料转化的最佳途径，在生态家园和生态农业中起着回收农业废弃物能量和物质的特殊作用。发展农村沼气，建设生态家园，既可为农民提供高品位清洁能源，又可以通过生态链的延长增加农民收入，同时，能够保护和恢复森林植被，减少农药化肥和大气污染，改善农村环境卫生，促进农业增产、农民增收和农村经济持续发展。

一、沼气生态模式特征

沼气生态模式是以沼气为纽带，整合利用可再生能源技术和高效生态农业技术，建设以农村户用沼气为纽带的各类能源生态模式工程，同时根据实际需要，配套建设太阳能利用工程、省柴节煤工程和小型电源工程。从农民最基本的生产、生活单元内部着手，引导农民改变落后的生产、生活方式，使土地、太阳能和生物质能资源得到更有效的利用，形成农户基本生产、生活单元内部能量和物质的良性循环。以增加农民收入为目的，同时达到提高农民生活质量、发展生态农业、生产无公害农产品的效果，实现家居环境清洁化、庭院经济高效化和农业生产无害化的目标。

家居环境清洁化的建设内容包括沼气池、太阳能热水器、太阳灶、太阳房、省柴节煤炉灶及高效预制组装架空炕连灶，由此解决农民的生活用能，提高农民生活质量，减少林、草等生物质能的消耗；庭院经济高效化的建设内容包括"三位一体""四位一体"和"五配套"等能源生态模式工程，由此实现农民家庭内部农牧结合，促进种植业和养殖业；农业生产无害化的建设内容包括沼液、沼渣等高效有机肥施用相关生态农业技术，建设无公害农产品生产基地，由此提高当地农产品质量，带动农业向优质、高产、高效发展。

　　沼气生态模式建设具有显著的特点：一是以人为本，从农民最关心的家园建设入手，重视改变他们的最基本的生产、生活条件，围绕人的需求，为了人的利益，实现人的发展；二是强化综合，通过对农户家园沼气池、畜禽舍、日光温室等多项农村能源技术和种植、养殖技术的优化组合，综合开发，实现集约化发展；三是循环再生，通过以沼气为纽带的能源生态模式的推广，形成种植业生产、养殖业消费、微生物分解的生态循环，实现生态与富民的协调；四是注重实效，大力推广适用技术、成熟技术，通过典型带动、效益吸引，增强农民建设的主动性；五是着眼大局，大处着眼，小处着手，以微观系统的生态良性循环来促进宏观系统的生态环境改善，兼顾国家生态利益和农民长久生计。

　　沼气生态模式建设把生态环境建设寓于农民增收和农村社会发展之中，通过以能源开发利用为纽带的生态家园建设，用综合效益吸引，使国家生态环境建设的目标与农民的切身利益紧密结合。一方面把生态建设任务分解到农户，集千家万户的力量和效益于一体；另一方面，燃料和生计问题的解决及农民收入的增加，引发了农民生活方式的改变，为农村和农业的现代化发展奠定了一定的基础。沼气生态模式建设把最适用的技术打捆送给农民。如沼气综合利用中的北方"四位一体"、南方"猪—沼—果"和西北"五配套"等能源生态模式的推广，改变了过去"单打一"的一般做法，注重适用技术的整合，通过沼气池这一物化的载体，从建到用，向农民推广一整套生态种植、养殖等具有较高科技含量的适用技术，同时采取区域性连片规划，注重规模，突出重点建设区域，所以，很快在农村见到了成效。

二、生态家园

　　生态家园是指农民在自己住宅院内及与宅基地相连的自留地、承包地、山坡、水面上，依据生态经济学的基本原理和系统工程学的基本方法，充分利用庭园设施、资源、劳动力等优势，因地制宜地从事以庭园沼气为纽带的种植、养殖、农副产品加工等各种庭园生产经营，从规划到布局，从物质、能量的输入到输出，更趋向于科学、合理、高效、低耗、优质、高产，经济效益、生态效益、社会效益俱佳的经营模式。它具有巧用食物链（网）和共生生态关系，把绿色植物的生产，食草、食肉动物的饲养和微生物的转换有机地串联起来，使物质多次循环利用，能量高效率利用（图1-4），形成一个布局合理、环境优美的生产及生活两用基地，并能获取较高的经济效益和生态效益。

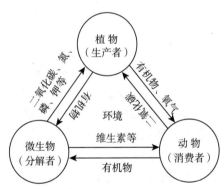

图1-4　沼气生态模式物质和能量循环利用

生态家园模式是庭园生态农业的基本单元，它结合了庭园生态的特点，将生态农业更加集约化、精细化、人为化。除了充分利用时间、空间、资源、劳动力外，还具有经营范围小、管理方便、劳动效率高、经营灵活等特点。生态家园以庭园高效沼气技术为纽带，将种植业、养殖业和加工业科学结合，多层次对土地、空气、光照、动植物废弃物等自然资源进行深度利用，用较少的投入获得最大的效益，有利于生态平衡，使庭园处于周期性的良性循环之中，是一种经济效益和生态效益较为可观的经营模式。

三、户用沼气模式

中国在发展以沼气为纽带的生态家园中，研究、探索出以沼气综合利用为主的南方"猪—沼—果"、北方"四位一体"和西北"五配套"等多种沼气综合利用典型模式，并大面积示范推广。这些模式将农村沼气、庭院经济与生态农业紧密地结合起来，变革了农村传统的生产方式、生活方式和思想观念，实现了农业废弃物资源化、农业生产高效化、农村环境清洁化和农民生活文明化，取得了显著的经济、生态和社会效益。农民称这些模式是"绿色小工厂""致富大车间"，纷纷靠模式"盖新房、娶新娘、奔小康"。

（一）南方"猪—沼—果"能源生态模式

1. 南方"猪—沼—果"模式的原理

南方"猪—沼—果"能源生态模式是以农户为基本单元，利用房前屋后的山地、水面、庭院等场地，主要建设畜禽舍、沼气池、果园等几部分，同时使沼气池建设与畜禽舍和厕所三结合，形成养殖—沼气—种植三位一体庭院经济格局（图 1-5），形成生态良性循环，增加农民收入。

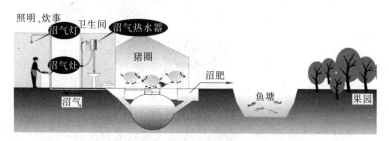

图 1-5 南方"猪—沼—果"能源生态模式结构

2. 南方"猪—沼—果"模式的单元功能

南方"猪—沼—果"能源生态模式的单元功能是：户建一口 6～8 米^3 池，户均年出栏 2～4 头猪，户均种好 1～3 亩果树。基本单元功能为：沼气用于农户日常做饭点灯，沼肥用于果树或其他农作物，沼液用于鱼塘和饲料添加剂喂养生猪，果园套种蔬菜和饲料作物，满足庭园畜禽养殖饲料需求。

该模式围绕农业主导产业，因地制宜开展沼液、沼渣综合利用。除养猪外，还包括养牛、养羊、养鸡等庭园养殖业；除与种植果树结合外，还与种植粮食、蔬菜、经济作物等相结合，构成"猪—沼—果""猪—沼—菜""猪—沼—鱼""猪—沼—稻"等衍生模式。

南方"猪—沼—果"能源生态模式运行如图1-6所示。

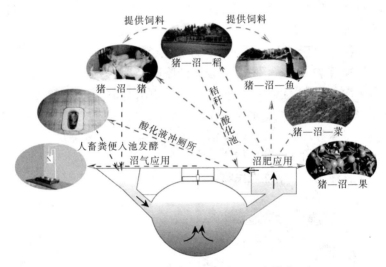

图1-6　南方"猪—沼—果"能源生态模式运行

3. 南方"猪—沼—果"模式的效益

南方"猪-沼—果"能源生态模式使物能合理利用形成良性循环，为农户提供了优质生活能源，既降低了林木植被消耗，又减少了砍柴劳力，还提高了土壤有机肥力，巩固了退耕还林成果，提高了林木植被覆盖率，改善了生态环境，同时使农村的环境卫生和厨房卫生彻底改善，减轻了妇女劳动强度，提高了农民的生活质量。具体节约的经济效益为：节约柴草 2 500 千克或煤炭 1 800 千克，折合人民币约 300 元；年产沼肥 15 吨左右，节约化肥折合人民币 600.0 元。用沼液喷施果树、蔬菜，能防治蚜虫、红蜘蛛等病虫害发生，减少农药用量 20%，平均每年节约人民币 100.0 元，此外还能提高农产品产量和品质。

（二）北方"四位一体"能源生态模式

1. 北方"四位一体"模式的原理

北方"四位一体"能源生态模式是在农户庭院内建日光温室，在温室的一端地下建沼气池，沼气池上建猪圈和厕所，温室内种植蔬菜或水果（图 1-7）。该模式以太阳能为动力，以沼气为纽带，种植业和养殖业相结合，形成生态良性循环，增加农民收入。

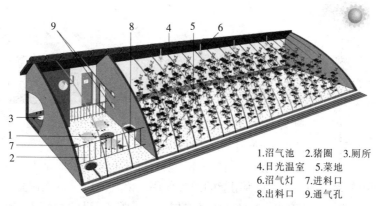

1.沼气池　2.猪圈　3.厕所
4.日光温室　5.菜地
6.沼气灯　7.进料口
8.出料口　9.通气孔

图 1-7　北方"四位一体"能源生态模式结构

该模式以 200～600 米² 的日光温室为基本生产单元，在温室内部西侧、东侧或北侧建一座 20 米² 的太阳能畜禽舍和一个 2 米² 的厕所，畜禽舍下部为一个 6～10 米³ 的沼气池。利用塑料薄膜的透光和阻隔性能及复合保温墙体结构，将光能转化为热能，阻止热量及水分的散发，达到增温、保温的目的，使冬季日光温室内温度保持 10℃ 以上，从而解决了反季节果蔬生产、畜禽和沼气池安全越冬问题。温室内饲养的畜禽可以为日光温室增温并为农作物提供二氧化碳气肥，农作物光合作用又能增加畜禽舍内的氧气含量；沼气池发酵产生的沼气、沼液和沼渣可用于农民生活和农业生产（图1-8），从而达到环境改善、利用能源、促进生产、提高生活水平的目的。

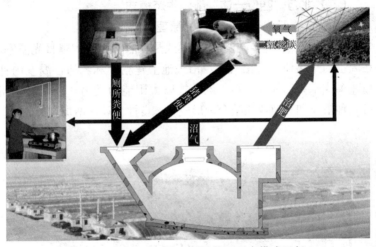

图1-8 北方"四位一体"能源生态模式运行

2. 北方"四位一体"模式的单元功能

（1）沼气池 是"四位一体"模式的核心，起着联结养殖与种植、生产用肥与生活用能的纽带作用。沼气池位于日光温室内的一端，利用畜禽舍自流入池的粪尿沼气发酵，产生以甲烷为主要成分的混合气体，为生活（照明、炊事）和生产提供能源；同时，沼气发酵的残余物为蔬菜、果品和花卉等生长发育提供优质有机肥。

（2）日光温室 是"四位一体"模式的主体，沼气池、猪舍、厕所、栽培室都在温室中，形成全封闭状态。日光温室为采用合理采光时段理论和复合载热墙体结构理论设计的新型节能型日光温室，其合理采光时段保持4小时以上。

（3）太阳能畜禽舍 是"四位一体"模式的基础，根据日光温室设计原则设计，使其既达到冬季保温、增温，又能在夏季降温、防晒。使生猪全年生长，缩短育肥时间，节省饲料，提高养猪效益，并使沼气池常年产气利用。

3."四位一体"模式的效益

（1）以庭园为基础，充分利用空间，搞地下、地上、空中立体生产，提高了土地利用率。

（2）高度利用时间，生产不受季节、气候限制，改变了北方一季有余、两季不足的局面，使冬季农闲变农忙。

（3）高度利用劳动力资源。北方模式是以自家庭园为生产基地，家庭妇女、闲散劳力、男女老少都可从事生产。

（4）缩短养殖、种植时间，提高养殖业和种植业经济效益。一般每户每年可养猪 $10\sim20$ 头，种植蔬菜 $200\sim600$ 米^2，年效益可达纯收入 $5\,000\sim8\,000$ 元，是大田作物的 45 倍。

（5）为城乡人民提供充足的鲜肉和鲜菜，繁荣了市场，发展了经济。

（三）西北"五配套"能源生态模式

1.西北"五配套"模式的原理

西北"五配套"能源生态模式是由沼气池、厕所、太阳能暖圈、水窖、果园灌溉设施五个部分配套建设而成（图 1-9）。沼

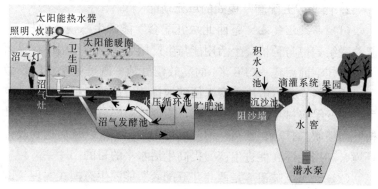

图 1-9 西北"五配套"能源生态模式结构

气池是西北"五配套"能源生态模式的核心部分，通过高效沼气池的纽带作用，把农村生产用肥和生活用能有机结合起来，形成"以牧促沼、以沼促果、果牧结合"的良性生态循环系统（图1－10）。

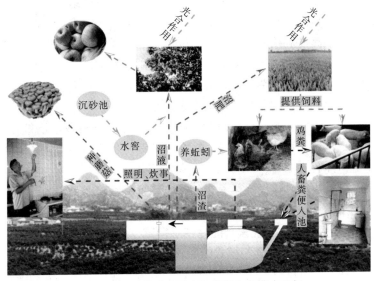

图1－10　西北"五配套"能源生态模式运行

2. 西北"五配套"模式的单元功能

（1）高效沼气池　是西北"五配套"能源生态模式的核心，起着联结养殖与种植、生活用能与生产用肥的纽带作用。在果园或农户住宅前后建一口8米³的高效沼气池，既可解决点灯、做饭所需燃料，又可解决人畜粪便随地排放造成的各种病虫害的滋生，改变了农村生态环境。同时，沼气池发酵后的沼液可用于果树叶面喷肥、打药、喂猪，沼渣可用于果园施肥，从而达到改善环境、利用能源、促进生产、提高生活水平的目的。

（2）太阳能暖圈　是西北"五配套"能源生态模式实现"以牧促沼、以沼促果、果牧结合"的前提。采用太阳能暖圈养猪，解决了猪和沼气池的越冬问题，提高了猪的生长速度和沼气池的产气率。

（3）水窖及集水场 是收集和贮存地表径流、雨、雪等水资源的集水场、水窖等设施，为果园配套集水系统，除供沼气池、园内喷药及人畜生活用水外，还可补充关键时期果园滴灌、穴灌用水，防止关键时期缺水对果树生长发育的影响。

（4）果园灌溉设施 是将水窖中蓄积的雨水通过水泵增压提水，经输水管道输送、分配到滴灌管滴头，以水滴或细小射流均匀而缓慢地滴入果树根部附近。结合灌水可使沼气发酵子系统产生的沼液随灌水施入果树根部，使果树根系区经常保持适宜的水分和养分。

3. 西北"五配套"模式的效益

西北"五配套"能源生态模式实行鸡、猪主体联养，圈、厕、池上下联体，种、养、沼有机结合，使生物种群互惠共生，物质和能量良性循环，取得了省煤、省电、省工、省钱，增肥、增效、增产，病虫减少、水土流失减少，净化环境的"四省、三增、两减少、一净化"的综合效益。

（1）拉动了种植业和养殖业的大发展 西北"五配套"能源生态模式将农业、畜牧业、林果业和微生物技术结合起来，养殖和种植通过沼气池的纽带作用紧密联系在一起，形成无污染、无废料的生态农业良性循环体系。沼肥中含有 30%～40% 的有机质，10%～20% 的腐植酸，丰富的氮、磷、钾和微量元素以及氨基酸等，是优质高效的有机肥，施用沼肥可以改良土壤，培肥地力，增强土地增产的后劲。用沼液喷施果树叶面和用沼渣根施追肥，不仅果树长势好，果品品质、商品率和产量提高，还能增强果树的抗旱、抗冻和抗病虫害能力，降低果树生产成本。通过果园种草，达到了保墒、抗旱、增草促畜、肥地改土的作用。

（2）加快了农民致富奔小康的步伐 西北"五配套"能源生态模式解决了农村能源短缺问题，增加了农民收入。建一口

8 米³ 的旋流布料沼气池，日存栏生猪 5 头，全年产沼气 380～450 米³；用沼气照明，全年节约照明用电 200 千瓦时以上，折合人民币 100 余元；用沼气作燃料，节约煤炭 2 000 千克，折合人民币 300 元；一口 8 米³ 的旋流布料沼气池年产沼肥 20 吨左右，可满足 0.4 公顷果园的生产用肥，节约化肥折合人民币 1 000 元。用沼液喷施果树，能防治蚜虫、红蜘蛛等病虫害发生，年减少农药用量 20％，0.4 公顷果园用药节约人民币 200 元。利用沼肥种果，可使果品品质和商品率提高，增产 25％以上。

（3）改善农业生态环境　西北"五配套"能源生态模式促进了庭园生态系统物质和能量的良性循环和合理利用。一方面为农民提供了优质生活燃料，降低了林木植被资源消耗，提高了人力资源、土地资源以及其他资源的利用率；另一方面有利于巩固和发展造林绿化的成果，提高林木植被覆盖率，保护植被涵养水源，改善生态环境。此外，长期施用沼肥的土壤，有机质、氮、磷、钾及微量元素含量显著提高，保水和持续供肥能力增强，能为建立稳产、高产农田奠定良好的地力基础。

（4）促进了农村精神文明建设　西北"五配套"能源生态模式使人厕、沼气池、猪圈统一规划，合理布局，人有厕，猪有圈，人畜粪便及时入池，经过沼气池密封发酵，既杀死了虫卵和病菌，又得到了优质能源和肥料，减少了各种疾病的发生与传播。加之用沼气灶煮饭，干净卫生，使农村的环境卫生和厨房卫生彻底改善，减轻了妇女劳动强度，提高了农民的生活质量。

第二章 户用沼气的功能与效应

第一节 户用沼气的功能

随着沼气技术体系的完善，沼气与农业生产体系的联系日益紧密，可以说已经深入并触及农业生产的方方面面，逐渐表现和释放它的各项功能，决定了沼气在农业生产乃至新农村全面发展中的地位也更加特殊和重要。沼气在农业生产中能够有效地组织与调动农业生产要素，促使农业生产要素协调发展，对建设新农村与促进农村经济发展具有重要的意义。

在农业生态工程中，沼气处于核心位置，具有纽带功能，农业生产系统的各要素都可以通过沼气系统联系起来。沼气不仅能够连动自然要素，而且连动了社会要素，这样自然要素与社会要素在农业生产系统中实现了有机联系（图 2-1）。通过调控沼气系统，不但可以实现要素及要素间的合理调控，而且可以实现农业生态系统的综合调控，有利于推动农村与农业的稳步发展，最终实现农业生产系统的自然属性与社会属性的有机统一，体现了人与自然的最高程度和谐统一的发展思想与发展观。重视沼气系统的建设，有利于解决长期困扰农村与农业的"生产与保护""生产与市场"以及"生产与发展"等问题，把农业生产系统引向可持续发展之路。

在农业生产过程中，不可避免地要产生有机废弃物，例如，畜禽养殖产生的粪便、作物的秸秆和农产品加工产生的下脚料等，加上农业规模化和产业化发展因素，有机废弃物在局部地区过多的堆积而一时无法合理处置，已经造成了环境污染。有效处

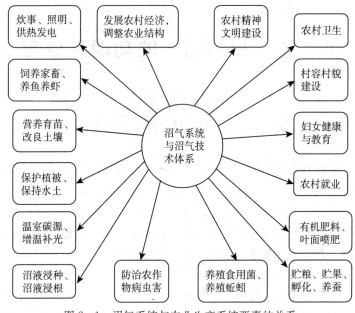

图 2-1　沼气系统与农业生产系统要素的关系

理废弃物是保证农业生产正常进行的必要措施，通过增加或引入新的生产环节，不但能够化害为利，而且能够生产新的产品。要实现农业系统内部物质和能量的良性循环，必须通过肥料、饲料和燃料这三个枢纽，因而"三料"的转化途径是整个生态系统功能的关键环节。沼气发酵系统正好是实现"三料"转化的最佳途径，在生态农业中起着回收农业废弃物能量和物质的特殊作用。它对于促进农业生态的良性循环、发展农村经济、提高农民生活质量、改善农村环境卫生等方面都起着重要的作用。

一、沼气系统是协调农业"三料"的纽带

　　农业生产所收获农作物中的植物能，主产品占 1/3～1/2，秸秆等副产物占 1/2～2/3，人食用主产品后，只利用了其中的

一部分能量，大多数能量留在粪便中，畜禽对植物能的利用也是如此。所以，大量秸秆、青草、树叶等植物副产品和人畜粪便中所含的能量如何合理利用，大有文章可做。目前全国农村能源消费总量3.2亿吨标准煤中的2/3是秸秆等低品位生物质能，炊用柴灶的能量转换效率不足20%。从生物质能的利用角度看，大量的秸秆直接燃烧，热能利用率相当低，而且大量的氮、磷、钾和微量元素被烧掉，造成资源的巨大浪费，形成燃料、饲料、肥料、工副业原料之间相互矛盾。要协调四者矛盾，根本出路在于大力发展农村沼气。

沼气发酵不仅是一个生产高品位清洁能源的过程，也是一个生产缓速兼备的优质有机肥料的过程。其最大优点是通过微生物的分解，将有机化合物中作燃料的碳、氢元素和作肥料的氮、磷、钾及其微量元素分离，使它们各得其所，各尽其用。由此可见，发展农村庭园沼气是将能量从废弃有机物质中分解出来再利用的最有效途径，是间接利用太阳能、充分利用植物能的根本措施。从一定意义讲，有太阳存在就有植物存在，生产沼气的条件就存在。所以，沼气是取之不尽、用之不竭的生物能源。

据测算，目前我国农村生活用能与食物提供的有机能之比大体是：南方为1.5∶1，北方为2∶1，东北为（3～4）∶1。用以做饭取暖的有机能量，远远超过摄取食物所提供的能量，农村能源相对短缺，人均商品能源消费122千克标准煤，仅为全国平均水平的19%，距世界平均每人每年2 000千克标准煤相差甚远。尽管总能耗的83%用于农村生活，仍无法满足农民生活低水准的能量需要，全国47%的农户缺烧3个月以上。因此秸秆总量的2/3被用作农民炊事燃料，造成饲料紧张，有机质还田减少，土壤肥力减弱。薪柴消费量高达1.8亿吨，其中50%以上是过量砍伐林木取得的。严重缺燃料的地方，砍树剔枝、拔草刨根、燃烧畜粪等十分普遍。由此可见，农村生活燃料问题亟待解决。

农村燃料短缺，主要是对生物质能利用方式不当所致。1千克秸秆沼气发酵可产沼气 0.22 米³，每立方米沼气含热量为 20 920 千焦，秸秆通过普通大口灶直接燃烧的热能利用率仅为 10% 左右，转化为沼气的热能利用率可达 60% 以上。即每千克秸秆直接燃烧的有效热值为 1 423 千焦，制成沼气燃烧达 2 761 千焦，提高 50% 左右。这样，仅用 3 亿吨秸秆制取沼气就基本可解决直接燃烧方式所需的 6 亿吨秸秆。由此可见，并非生态农业系统提供的燃料不足，而是利用方式不当，在生态农业能量流动过程中减少了沼气发酵环节，造成生物质能利用效率降低，燃烧时热量损失加大，又未将粪便等不能直接燃烧的有机物质中所含的碳、氢进行发掘利用。所以，发展农村庭园沼气既提高了生物质能的利用率，又将不能直接燃烧的有机物质中所含的能量进行了发掘利用。因此，发展农村庭园沼气既是开源又是节流，完全符合生态农业能量流动规律要求。

二、沼气系统是促进农业可持续发展的动力

提高农作物单产是增加植物生物量的措施之一。单产高低除了种子、水分等因素外，主要取决于土壤肥力，土壤肥力又主要取决于营养物质的"失去"和"归还"的数量。当"失去"大于"归还"时，土壤肥力下降，单产也下降；当"归还"大于"失去"时，土壤肥力提高，单产也提高。

土壤营养的"失去"，主要由植物取走和流失所致，应力争减少流失而增大植物取走，才能获得高产。但目前我国水土流失面积达 367 万千米²，占国土面积的 38.2%，每年流失土壤达 122 亿吨，损失肥料达 9 760 万吨之多，相当于每年化肥施用量的 50% 左右。所以，目前亟待解决的是控制水土流失。

水土流失加剧的主要原因是植被减少。究其原因，主要是农村能源紧缺。我国每年用于薪柴的木材砍伐总量约 1.8 亿吨，为了解决农村生活用能问题，不得不砍伐大量的森林，从而加剧了水土流失。遏止植被减少导致的水土流失，根本措施在于解决农

村能源。要从根本上解决农村能源，就必须大力发展农村庭园沼气。

　　土壤营养的"归还"，主要通过施肥来实现。只有按比例地增大"归还"土壤的营养物质数量，土壤肥力才会提高，单产才能提高。施肥的目的是增产，施沼肥比施其他有机肥的增产效果好。沼肥保氮率高达99.5％，氨氮转化率为163.3％，分别比敞口堆沤肥高18％和1.25倍，并含有10％～20％的腐植酸、大量的纤维素、木质素等，长期使用，有利于土壤微生物的活动和土壤团粒结构的形成，有机质、氮、磷、钾及微量元素的含量显著提高，土地肥力增加。有机沼肥还田，既可减少无机化肥投入，又可扩大"归还"土壤的物质流动规模，必然会达到增产目的。所以，沼气发酵是完全符合物质流动规律的。特别是沼气发酵解决了燃料，节约了用作燃料的秸秆，又将不宜直接还田的有机质制成沼肥，这样就既扩大了有机肥的来源，解决肥源不足问题，又提高了肥效，更有利于增产。

　　用沼气发酵来协调"三料"（燃料、饲料、肥料）的矛盾，对植物副产品的综合利用和增加畜产品，具有重大的经济意义。畜禽在利用饲料时，只利用了其中部分营养物质和能量，而大量作肥料的有机质、氮、磷、钾和作燃料的碳、氢元素等随粪便排出。所以，植物副产品的正确利用方式应是：能作饲料的都作饲料，再将粪便发酵转化成沼气和沼肥；不能作饲料的，部分用于工副业，部分用于入沼气池产生沼气。这种将"一料"（燃料）变"四料"（燃料、饲料、肥料和工副业原料）的综合利用，无疑是最经济的。实践证明，畜禽粪便入沼气池发酵比植物副产物直接入沼气池发酵好，因秸秆表皮有层蜡质，直接入池易漂浮，不易和其他原料混合，也就不利于产甲烷菌和其他细菌分解，因而产气速度慢、产气量少。所以，植物副产物经畜禽转化为粪便后再下池，是最科学的。

　　综上所述，农村发展沼气后，量多质好的沼肥还田，加上必要的化肥投入，为提高土壤肥力和单产创造了坚实的物质基础；农村发展沼气解决燃料后，林草植被面积日益扩大，各种自然灾害逐步减少，这为植物多制造有机化合物创造了良好条件；植被增加减少了水土流失，江、河、池塘、水库、湖的淤塞将减轻，有利于水利灌溉、水面养殖、水上运输等效益发挥，更好地促进农业生产全面发展；农村发展沼气后将有充足饲料发展畜牧业，使畜禽产品不断增多。因此，沼气发酵是生态农业物质流动的必要环节，违背了这一规律就将受其惩罚。

三、沼气系统是农民脱贫致富的有效途径

沼气除直接作炊事、照明等生活用能外，还可用来发电，每 1.0 米^3 沼气可发电 $1.5 \sim 2.0$ 千瓦时，提供生产和生活用电。利用沼气升温育秧，操作方便，成本低廉，易于控制，且不烂种，发芽快，出苗整齐，成秧率高。利用沼气加温养蚕，蚕室空气新鲜，一氧化碳等有害气体减少，且蚕室干净卫生无灰尘，促进小蚕的生长发育。正常情况下，利用沼气加温养蚕，能比用煤球加温的成茧率提高 0.9%，蚕种孵化率提高 2.8%，单茧重增加 0.05 克，产茧量增加 10%，经济效益十分显著。在蔬菜塑料大棚内点燃沼气灯一定时间，可使大棚内的二氧化碳气肥浓度和温度增高，有效地促进了蔬菜的增产。试验测算：可使黄瓜增产达 30%，芹菜增产 25%，番茄增产 20%。

利用沼气烘干粮食和农副产品以及贮粮防虫、保鲜水果等，具有设备简单、操作方便、不产生烟尘、费用省、效益好等优点。沼气灯保温贮甘薯，好薯出窖率比常规方法提高 50%。利用沼气贮粮，一年后测定结果表明，所贮稻谷的仓内温度比对照降低 38.5%，水分减少 13.51%，出糙率增加 0.93%，害虫死亡率达 100%，种子发芽率提高 4.71%。利用沼气保鲜柑橘 150 天后，平均保果率达 91%，总糖含量下降 3.45%，总酸含量下降 52.14%，维生素 C 含量下降 1.8%，多数果蒂青绿，果皮红

亮，多汁化渣，基本上保持了鲜果的风味。

沼液、沼渣是生物质发酵产气后产生的有机肥，可以作为肥料直接施用于农田。一个 10 米^3 的沼气池，一年提供的沼肥，相当于 50 千克硫酸铵、40 千克过磷酸钙和 15 千克氯化钾。试验表明，沼肥几乎能使所有的粮食作物、经济作物和果树增产，其增产幅度一般在 5%～10%，甚至更高。用沼液浸种，可以促使种子萌芽，提高种子发芽率和成秧率，促进种子生理代谢，提高秧苗质量，增强秧苗抗病、抗逆能力，有较好的经济效益。沼液还可以作为饲料添加剂，能够使所饲养的猪、鸡、牛、鱼等动物的抗病能力增强，饲料报酬提高，总收益增加。用沼液喂猪，日增重可提高 15%，提前 20～30 天出栏，肉料比降低 26.41%，每头猪平均可节省成本 40 元左右。用沼液养鱼，可增产 10%。用沼渣栽培蘑菇，效益更加可观，可增产增收 20%～30%。

渭北旱塬果园沼气"五配套"（沼气池、蓄水窖、畜禽舍、节水措施、果园五配套）能源生态模式证实了这样的事实。用沼渣根施、沼液喷施的果树，树势旺，叶片大，颜色浓，果实膨大快，成型好，个头大，着色好，光泽亮，病虫少，商品率达 90% 以上，售价高出一般果品 25%～50%。应用动态经济评价方法对渭北旱塬果园沼气"五配套"生态模式投产后进行经济评价，其净现值（NPV）、内部收益率（IRR）和投资回收期（Rt）分别为 8.06 万元、68.12%、4.73 年。表明以沼气综合利用为纽带的果园"五配套"能源生态模式不仅有产气的能源效益和保护生态的环境效益，而且发酵剩余物沼液和沼渣的经济效益高于产气效益，肯定了这种种植、养殖、沼气有机结合的生态模式对推动干旱、半干旱地区农业和农村经济可持续发展的经济、生态和社会潜力。

以日光温室、太阳能畜禽舍和沼气池为特征的北方"四位一体"农村能源生态模式，猪舍以砖砌筑，沼气池为水泥混凝土浇筑，日光温室为竹木结构，"干打垒"墙体，以 15 年寿命期计算，其寿命期内的净现值可达 3 万元以上，效益成本比大于1.5，内部收益率普遍大于 70％。说明农村能源生态模式具有非常显著的经济效益，这一系统一般不用雇劳力，由家庭妇女和冬闲时家庭主要劳动力经营即可，表现出非常灵活的操作性，很受农民的欢迎。

四、沼气系统是促进生态良性循环的必由之路

1. 农村发展沼气可改善环境卫生

农村发展沼气后，垃圾、粪便、农副产品加工剩余物等有机物质可作为原料投入沼气池生产沼气和沼肥。这既增加了沼气发酵的原料，又使垃圾、粪便得到了科学管理。环境卫生也就随之改变：蝇蚊等失去了滋生条件，减少了疾病传播；减少了臭气对人畜的危害；病菌和虫卵在沼气池中被杀死。血吸虫卵 14～40 天即可全部死亡；钩虫卵沉淀 93.6％以上，夏季将沼渣加氨水高温堆沤即可全部死亡；一些传染性和危害性严重的病菌，在沼气发酵的水力滞留期内全部死亡，从而彻底解决了农村"臭气满院窜，苍蝇满天飞，蛆虫满地爬"的环境污染问题。

2. 农村发展沼气可减少农药化肥的污染

农村能源紧张导致的有机质还田少和植被减少，引起土壤肥力下降和害虫天敌减少，迫使多施农药和化肥，加重了环境污染。

农药虽可暂时减轻病虫害，但不能根除病虫，多次施用会增加病虫的抗药性，还会使捕食害虫的天敌被农药杀死。更为严重的是，农药残体在大气、水体、土壤、生物体中普遍存在，对生物生长和人类健康极为不利。所以，要尽可能地少施或不施农药，对病虫害尽可能进行生物防治。大量的实验结果表明，沼气发酵残留物对植物的某些病虫害有杀灭和抑制作用。果树喷施沼液，对红、黄蜘蛛的杀灭率为 95.25％，矢尖蚧为 91.55％，蚜虫为 93.35％，清虫为 99.4％。对棉花枯萎病的防治率可达

52%，对玉米螟幼虫的防治效果与溴氰菊酯相同。沼肥能有效地控制水稻叶蝉、稻飞虱、纹枯病、小球菌等病虫害。用沼液浸麦种，能使大麦黄花叶病的发病率降低 70%，产量增加20%～30%。

化肥虽有增产的一面，但也有对农业生产不利的一面。大量增施化肥的不良影响：a. 增加国家在资金、能源、运输等方面的负担；b. 使农业生产成本增高，农民收入降低；c. 降低土壤肥力，增产效果比有机肥差；d. 使病虫害增加，导致减产和多施农药的恶性循环；e. 导致农产品特有的色、香、味等品质降低。所以，从诸因素考虑，应尽可能少施化肥。

沼气系统生产的优质无毒、无污染的有机肥料——沼液和沼渣，可以施入农田、果园与菜地，沼液不仅可作农作物的全素营养液，而且是防治农作物病虫害的"生物农药"，这一点在高效设施农业中有着重要地位和巨大作用，不仅降低和减少了农民在农药和化肥上的投资成本，而且可向市场提供让消费者满意放心的绿色食品。由此可见，农村发展沼气对直接和间接减少化肥、农药对环境的污染，具有综合效益。

3. 农村发展沼气能够更好地保护森林植被

沼气的开发利用，能够有效地缓解农村能源紧缺的局面，保护原有森林和新造林地，促进生态环境的改善。

在森林的综合效益中，其生态效益比木材等产品的价值大几倍甚至几十倍。森林除了提供林产品、畜产品、保持水土、调节气候、为害虫天敌提供栖身条件外，还具有减轻污染的环保效益：a. 通过光合作用吸收二氧化碳并释放氧气；b. 能够吸收二氧化硫、一氧化碳等有毒气体，使它们变为无毒气体；c. 能够吸附空气中的灰尘，净化空气；d. 能分泌菌素，可杀死空气中对人畜有害的病菌；e. 林冠可截流和蒸腾，从而净化了水质；f. 可减小噪声；g. 可为人类提供娱乐休息和旅游的舒适环境。森林一旦被毁坏，对整个生态农业系统和社会其他方面都会带来无情的灾难和巨大的经济损失。

然而，森林的环保效益是建立在森林得以恢复和发展的基础之上的。农村发展沼气解决燃料之后，森林的恢复和发展才有坚实的物质基础，森林的环保效益才能充分发挥。在燃料问题未根本解决的条件下，讨论植树造林和发挥森林环保效益，等于纸上谈兵。农村修建一口 8 米^3 的沼气池，每年可平均节柴 1.5 吨，相当于 0.2 公顷薪柴的年生长量。多建一口沼气池，就相当于保护了 0.2 公顷的林地免遭砍伐。所以，从长远来看，农村发展沼气是发挥森林环保效益，减轻污染的战略措施。

4. 农村发展沼气可减轻大气污染

中国有 9 亿人口在农村，至少有 2 亿个炉灶炊事，一年烧掉的生物质达 5 亿吨之多。大量生物质燃烧，不仅能量、肥料损失大，而且产生的大量烟雾污染大气，在这些烟雾中，含有不少一氧化碳、二氧化硫、三氧化硫等有毒气体和致癌物质，对人畜健康和植物生长极为不利。所以，应该大力发展农村庭园沼气，逐步改变直接燃用生物质燃料的现状，用沼气代替生物质直接燃烧。沼气中甲烷（CH_4）约占 60%，加氧燃烧时产生大量热量和水、二氧化碳，几乎无有害物质。因此，沼气燃烧既可减少生物质直接燃烧产生的烟雾对大气的污染，又方便、清洁、卫生。

综上所述，无论是农业系统的能量流动、物质流动，还是环境保护，采取了沼气发酵技术就呈良性循环，而将有机物质直接燃烧就呈恶性循环。因此，农村发展沼气是充分合理利用资源，恢复和创造良好的生态环境，获得量多质优的系统生物量和保证生态农业系统良性发展的战略措施之一。

五、沼气系统是建设新农村的切入点

1. 为社会提供丰富、优质的农产品

以沼气为纽带的生态农业，强化了农牧结合，既能促进农业的发展，又能加强畜牧业的发展。一方面表现为农牧业生产水平

均有提高，而生产水平的提高直接使农产品的数量增加，在现今农业发展的水平下无疑具有重要意义；另外一方面持续提高农畜产品的质量，利用农牧系统的内在本质关系，构成了无害于环境、无害于人类的生产系统，在不断完善农业生产技术体系的同时，不断向社会提供优质、多样化的绿色食品，这一趋势正逐渐成为主流。

2. 既能推动农业发展，又能引导农民增收

发展是硬道理，农业要是没有发展，便没有了出路。在"政策＋科技＋投入"的合力下，农业的发展举世瞩目。可以说我们依靠自力更生，紧跟着世界农业发展的步伐，解决了温饱问题，同时农产品也有了相对的过剩，但大多数地区在农业生产水平提高的同时，在农产品大丰收的同时，农民的收入并没有提高，而且有相对下降的趋势，原因当然是多方面的，但主要的问题是农业没有向市场提供优质产品，而以沼气为纽带的生态农业的发展就能解决这样一个困扰政府和 9 亿农民的难题，其意义之重大可见一斑。

3. 解放妇女劳动力，优化农村劳动力结构

以沼气为核心的生态农业模式结束了农村妇女烟熏火燎的历史，把妇女从繁忙中的家务中解放出来，既有益于妇女的身心健康，还可以为妇女教育子女、关心老人、照顾家庭成员以及学习其他劳动技能提供更多的机会，为丰富农村生活提供较多的时间，为家庭的主要劳动力也解决了后顾之忧，可以专心从事农业生产或商业经营，或学习更好地劳动技能，促进农村劳动力结构不断优化，为农村的经济发展打下了良好的基础。

4. 改变农民的精神面貌，促进农村精神文明建设

在物质文明发展的同时，精神文明不断进步。首先是农业科技意识不断增强，对农业科技的认识与需求日益迫切，通过农业科技的实践，对"知识改变命运"的认识也日益增强；其次是环境保护意识不断加强，对植被保护与环境之间的关系的认识正确化，在实践上培养了热爱环境和保护环境的思想；再次是生活习惯日益趋向于健康化发展，通过邻村和邻居的影响，良好的卫生习惯一天天地培养起来；最后是推动农村生活向丰富多彩化方向发展，吸引闲散劳力以整日无事的状态转向正道发展，有效地降低赌博、打架、偷盗等恶习的发生。

综上所述，沼气系统在农村、农业和农民中能够发挥重要的作用。它可以改善农村面貌，建设和谐新农村；可以促进现代农业发展，为社会提供优质、多样、绿色农副产品；它可以帮助农民脱贫致富，增加收益，同时还有助于农村精神文明建设；它还可以在促进"三农"向前发展的进程中保护和改善生态环境。因此，"三农"的发展不可缺少农村庭园沼气系统。

第二节　户用沼气的综合效应

人类最初认识沼气，注重的是它的能源功能，随着科学技术的发展和人类认识能力的提高，沼气的生态功能和环境保护功能越来越被人类所认识，沼气已经成为联结养殖和种植、生活用能和生产用肥的纽带，成为实现燃料、肥料和饲料转化的最佳途径，起着回收农业废弃物能量和物质的特殊作用。发展农村沼气，建设生态家园，既可为农民提供高品位清洁能源，又可以通过生态链的延长增加农民收入，同时，能够保护和恢复森林植被，减少农药化肥和大气污染，改善农村环境卫生，促进农业增产、农民增收和农村经济持续发展。

一、经济效应

一口 $8 \sim 10$ 米^3 的新型高效沼气池，全年产沼气 $380 \sim 450$ 米^3，可解决 $3 \sim 5$ 口人的农户 $10 \sim 12$ 个月的生活燃料，节煤 $2\,000$ 千克，节电 200 千瓦时左右，全年可节约燃料费 300 元，节约电费 100 元。

总之，将沼气发酵系统和农业主导产业相结合，经济效益将成倍增长。如作者主持研究和示范推广的西北"草→畜→沼→果"生态果园模式，全年经济收入达 5 000 元/亩；辽宁省农村能源科技工作者总结的北方农村"四位一体"生态温室模式，将沼气池、猪禽舍、厕所、日光温室相结合，组成沼气综合利用体系，每一个系统全年经济收入高达 4 000～8 000 元。

二、生态效应

农村沼气的开发利用，能够有效地缓解农村能源紧缺的局面，保护和恢复森林植被，促进生态环境的改善。一口 8 米^3 的新型高效沼气池，一年所产沼气的能量相当于 3 亩薪炭林一年的产柴能量或 150 亩干旱草地的地表生物产量。建一口沼气池，相当于新造了 3 亩薪炭林，节约造林费用 600 元。所以，从长远来看，农村发展沼气，是解决农村能源紧缺、减少林木被过度砍伐、保护森林植被、减少水土流失、恢复和重建生态环境的战略措施。

发展农村沼气，可以解决燃料和肥料问题，减少农药和化肥的污染。燃料的解决，有利于恢复森林生态平衡，为害虫天敌提供适宜的环境；同时，有机物质经沼气发酵后，寄生的病虫害多数被杀死，减少了病虫害来源，这就必然少施农药。森林的恢复，减少了水土流失，使土壤肥力增强，加之，量多质优的沼肥还田，对增加土壤营养、减少化肥施用提供了物质基础。由此可见，农村发展沼气对直接和间接减少化肥、农药对环境的污染，具有综合效益。

沼肥中的腐植酸含量为 10%～20%，对土壤团粒结构的形成起着直接的作用；沼肥中的氨态氮和蛋白氮使该有机肥具有缓速兼备的肥效特性；沼肥中的纤维素等有机成分为疏松土壤及增强土壤有机质含量提供了必不可少的基础；而沼肥中大量活性微量元素则是提高肥料利用率以及增强土壤肥力的因素。长期施用沼肥的土壤，有机质、氮、磷、钾等营养元素的含量明显增加，土壤酶活性增强，土壤物理性状得到不同程度的改善，增加作物对营养的利用和吸收，促进农业持续增产。

三、环境保护效应

人畜粪便是沼气发酵的主要原料，但从卫生角度看，却是许多疾病的传染源。用沼气池处理人畜粪便，既可杀虫灭菌，又能得到优质能源和肥料。建造庭园厕所、猪舍、沼气池三结合系统，使厕所、猪舍的粪尿自流入池，经过沼气发酵处理后，可将其中绝大部分寄生虫卵杀灭。其中，钩虫卵经过 50 天死亡率为 75%，经过 93 天全部死亡；蛔虫卵经过 90 天死亡率为 75%；伤寒杆菌存活时间仅为 30 天；福氏痢疾杆菌经 30 小时后分离呈阴性，而在一般粪液中可存活 17 天。通过连续 3 年对普及沼气池和未建沼气池农户菜地土壤样品的调查，前者比后者钩蚴的污染减少 60%～84.6%，蛔虫卵的污染减少 50%～76%，污染的程度也大大减轻，前者平均每 100 克泥土含钩蚴 1.1 条和蛔虫卵 4.8 只，后者则分别高达 6.59 条和 22.4 只。

发展沼气，能减少蚊蝇孳生。通过对建沼气和未建沼气的养殖户调查，结果表明：养鸡户苍蝇密度前者比后者降低 63.57%；养猪场苍蝇密度前者比后者降低 93%。

发展沼气，能减轻燃烧煤炭所带来的一氧化碳、二氧化硫、三氧化硫等有毒气体和致癌物质的空气污染，彻底改变农村"脏、乱、差"的卫生面貌。发展沼气，替代柴、煤，消除了燃煤产生的大量煤灰，减少了垃圾的处理和对环境的污染。根据对使用沼气作能源和燃煤作能源的村作对比调查，前者比后者室内一氧化碳浓度降低 3.8 倍，二氧化碳浓度降低 1.4 倍，二氧化硫浓度降低 3.8 倍，飘尘浓度降低 4.4 倍。

发展沼气，能有效地保护水源，降低污染，改善水环境和水的质量。据对普及沼气和未推广沼气的两类村庄饮用水源监测，前者比后者细菌总数的合格率提高 41.86%～78.26%，大肠杆菌菌群合格率提高 50.0%，氨氮合格率提高 55.02%，氯化物合格率提高 56.71%。

四、社会效应

建立起以高效沼气为纽带的庭园生态农业体系后，有效地解决了剩余劳动力的转移和消化，激发了农户学科学、用科学、将实用技术转化为现实生产力的积极性，增强了农户的科技意识，提高了农户的科技素质，使有限的庭园面积得到了高层次利用，为繁荣城乡市场的"菜篮子"做出贡献。

发展农村沼气，建设生态家园，可以将妇女从繁重的厨房劳作中解放出来，腾出时间从事庭院生产，增加经济收入。有利于提高农村人口的生活质量和健康水平，减少常见病的发病率。调查表明，应用沼气池管理粪便的村民比未使用沼气池的村民肠道传染病减少 62.5%～77.8%；使用沼气作能源的村民唾液溶菌酶含量高于燃煤村民 1.3 倍，碳氧血红蛋白的平均值则低于燃煤居民 28%，显示使用沼气作能源，具有增进人体健康的作用。

综上所述，一口新型高效沼气池，相当于一个家庭的清洁能源制造中心、一个小型养殖场、一个有机肥生产车间、一个庭院粪污净化器、一棵摇钱树，通过它既可以为 3～5 口人的农家生产一日三餐的炊事燃料和晚间照明燃料，又可以为农家生产庭园种植的优质高效有机肥料，还可以处理和净化庭院污染物，改变庭院"脏、乱、差"的卫生面貌。同时，通过和农业主导产业相结合，进行"三沼"综合利用，可以提高农产品的产量和质量，增加农民收入，引导农民脱贫致富奔小康，促进农村现代化进程。

第三章　沼气的基本特性

沼气是有机物质在厌氧条件下经微生物的发酵作用而生成的一种可燃性气体，其主要成分是甲烷和二氧化碳。沼气是一种清洁、就地可产、可用（炊事、照明、供热、烘干、贮粮等）的气体燃料，沼液、沼渣是一种高效有机肥料和养殖营养饵料，对其综合利用，可产生显著的综合效益。沼气系统作为生态家园和农业循环经济的纽带，在改善农村环境卫生，促进农业增产、农民增收和农村经济可持续发展中发挥着越来越重要的作用。

第一节　沼气的起源

在日常生活中，特别是在气温较高的夏、秋季节，我们经常可以看到，从死水塘、污水沟、储粪池中，咕嘟咕嘟地向表面冒出许多小气泡，如果把这些小气泡收集起来，用火去点燃，便可产生蓝色的火焰，这种可以燃烧的气体就是沼气。由于它最初是从沼泽中发现的（图3-1），所以称为沼气（marsh gas）。沼气是有机物质在厌氧条件下产生的气体，因此，又称为生物气（biogas）。

上面的事实说明，沼气实质上是人畜粪尿、生活污水和植物茎叶等有机物质在一定的水分、温度和厌氧条件下，经微生物的发酵转换而成的一种方便、清洁、优质气体燃料。沼气发酵剩余物是一种高效有机肥料和养殖辅助营养料，与种植业、养殖业结合，进行综合利用，可产生显著的综合效益。

沼气发酵是自然界中普遍而典型的物质循环过程，按其来源

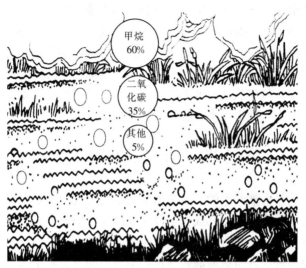

图 3-1　沼气在自然界的产生

不同，可分为天然沼气和人工沼气两大类。天然沼气是在没有人工干预的情况下，由于特殊的自然环境条件而形成的。除广泛存在于粪坑、阴沟、池塘等自然界厌氧生态系统外，地层深处的古代有机体在逐渐形成石油的过程中，也产生一种性质近似于沼气的可燃性气体，称为天然气。人类在分析掌握了自然界产生沼气的规律后，便有意识地模仿自然环境建造沼气发酵装置，将各种有机物质作为原料，在一定的温度、水分和厌氧条件下，通过人工的方法制取沼气，这就是我们经常所讲的人工沼气。人工沼气的性质近似于天然气，但也有不同之处，其主要不同点见表 3-1。

表 3-1　人工沼气和天然气的差异

气体种类	制取方法	可燃成分	含量	热值
人工沼气	发酵法	甲烷、氢气	55%～70%	20 000～29 000 千焦/米³
天 然 气	钻井法	甲烷、丙烷、丁烷、戊烷	90%以上	36 000 千焦/米³ 左右

产甲烷菌在自然界中广泛分布，如土壤、湖泊、沼泽、反刍动物（牛羊等）的肠胃道、淡水或碱水池塘污泥、下水道污泥、腐烂秸秆堆、牛马粪以及城乡垃圾堆中都有大量的产甲烷菌存在。因此，在自然界各种厌氧系统中，普遍存在着微生物产生甲烷的作用，每年从这些地方释放到大气中的甲烷，为5.5亿～13亿吨，占大气中甲烷来源总量的90%以上。

第二节　沼气的理化特性

无论是天然产生的，还是人工制取的沼气，都是以甲烷为主要成分的混合气体，其成分不仅随发酵原料的种类及相对含量不同而有变化，而且因发酵条件及发酵阶段的不同也各有差异。沼气是由多种成分组成的混合气体，沼气中的成分是甲烷（CH_4）、二氧化碳（CO_2）和少量的硫化氢（H_2S）、氢气（H_2）、一氧化碳（CO）、氮气（N_2）等气体，一般情况下，甲烷占50%～70%，二氧化碳占30%～40%，其他成分含量极少，其物理性质和化学性质也主要由甲烷和二氧化碳来决定。沼气中的甲烷、氢气、一氧化碳等都是可以燃烧的气体，人类主要利用这一部分气体的燃烧来获得能量。

一、沼气的物理性质

甲烷的分子式是CH_4，其分子结构是由一个碳原子和四个氢原子构成的等边三角四面体，相对分子质量为16.04（表3-2），其分子直径为3.76×10^{-10}米（即3.76埃），约为水泥沙浆毛细孔的1/4，这就给人工制取沼气提出了一定的前提条件——不论采用何种材料，人工建成的沼气发酵装置和贮气装置的气密性都必须达到防止甲烷分子渗透外泄的要求，即沼气发酵装置内表面的毛细孔必须小于3.76×10^{-10}米。

（一）密度和比重

甲烷的密度为 0.717 千克/米³，二氧化碳的密度为 1.977 千克/米³，空气的密度为 1.293 千克/米³，如果将空气的密度定义为 1.0，则与空气相比，甲烷的比重为 0.55，二氧化碳的比重为 1.529（表 3-2），标准沼气（甲烷占 60%，二氧化碳含量小于 40%）的比重为 0.94。所以，在沼气池贮气室中，甲烷较轻，分布在上层；二氧化碳较重，分布在下层。甲烷比空气轻，在空气中容易扩散，扩散速度比空气快 3 倍。当空气中甲烷的含量达 25%～30% 时，对人畜有一定的麻醉作用。

（二）临界温度和压力

气体从气态变成液态时，所需要的温度和压力称为临界温度和临界压力。甲烷的临界温度为 -82.5℃，临界压力为 4.488×10^6 帕；二氧化碳的临界温度为 31.10℃，临界压力为 7.144×10^6 帕（表 3-2）；标准沼气的平均临界温度为 -37℃，平均临界压力为 5.664×10^6 帕。这说明沼气由气态转化为液态的条件是相当苛刻的，这也是目前沼气以气态应用为主，不实施液化装罐作为商品能源应用的原因所在。

表 3-2 沼气主要成分的物理参数

373.15 开、101 325 帕

参 数	甲烷 (CH₄)	二氧化碳 (CO₂)	硫化氢 (H₂S)	氢气 (H₂)	氮气 (N₂)	一氧化碳 (CO)	空气	水蒸气 (H₂O)
相对分子质量	16.043	44.010	34.076	2.016	28.013	28.010	28.966	18.015
密度（千克/米³）	0.717	1.977	1.536	0.090	1.250	1.251	1.293	0.833
比重（比空气）	0.555	1.529	1.188	0.070	0.967	0.967	1.000	0.644
临界温度（℃）	-82.50	31.10	100.4	-239.9	-147.1	-140.2	-140.8	374
临界压力（$\times 10^6$ 帕）	4.488	7.144	8.712	1.254	3.282	3.384	3.651	2.205

（三）溶解度

甲烷在水中的溶解度很小，在 20℃、101 325 帕下，100 单位体积的水只能溶解 3 单位体积的甲烷，这就是沼气不但在淹水条件下生成，还可用排水法收集，也适用湿式贮存的原因。

（四）颜色气味

沼气是一种无色气体，由于它常含有微量的硫化氢（H_2S）气体，所以，脱除硫化氢前，有轻微的臭鸡蛋味，脱硫或燃烧后，臭鸡蛋味消除。

二、沼气的化学性质

甲烷的化学性质比较稳定，在一般条件下，不易与其他物质发生化学反应，但在外界条件适宜时，也会发生相应的反应，并生成不同的物质。

（一）甲烷高温裂解

甲烷（CH_4）在隔绝空气的条件下加热到 1 000～1 200℃，便可裂解生成炭黑（C）和氢气（H_2），其反应式为：

$$CH_4 = C + 2H_2 \uparrow \qquad (3-1)$$

如果在 1 000℃高温下裂解，甲烷（CH_4）还可以转变为乙炔（C_2H_2）和氢气（H_2）。该反应要求在极短的时间内，将生产的乙炔尽快地引出反应区，并急剧降温至 300℃以下，其反应式为：

$$2CH_4 = C_2H_2 + 3H_2 \uparrow \qquad (3-2)$$

（二）甲烷与氯气反应

在光照或加热至 400℃的条件下，甲烷（CH_4）与氯气（Cl_2）可以发生剧烈的化学反应，生成一氯甲烷（CH_3Cl）、二氯甲烷（CH_2Cl_2）、三氯甲烷（$CHCl_3$）、四氯化碳（CCl_4）和氯化氢（HCl），其反应式分别为：

$$CH_4 + Cl_2 \rightarrow CH_3Cl + HCl \qquad (3-3)$$

$$CH_3Cl + Cl_2 \rightarrow CH_2Cl_2 + HCl \qquad (3-4)$$

$$CH_2Cl_2 + Cl_2 \rightarrow CHCl_3 + HCl \qquad (3-5)$$

$$CHCl_3 + Cl_2 \rightarrow CCl_4 + HCl \qquad (3-6)$$

一氯甲烷（CH_3Cl）、二氯甲烷（CH_2Cl_2）、三氯甲烷

（$CHCl_3$）、四氯化碳（CCl_4）是重要的化工原料，在国民经济中起着重要作用。

（三）甲烷与水反应

甲烷（CH_4）在 650～800℃高温和有催化剂的条件下，与水蒸气发生反应，可生成氢气（H_2）和一氧化碳（CO），其反应式为：

$$CH_4 + H_2O = 3H_2 + CO \qquad (3-7)$$

从以上甲烷的一系列化学反应中可以看出，沼气不仅是优质的气体燃料，同时还是重要的化学工业原料。

第三节 沼气的燃烧特性

沼气中的甲烷、氢气、硫化氢都是可燃物质，在空气中氧的作用下，一遇明火即可燃烧，并散发出光和热量。其燃烧过程，可用下列反应式表示：

$$CH_4 + 2O_2 \rightarrow CO_2 + 2H_2O + 热量（35.91 兆焦）\quad (3-8)$$

$$H_2 + 0.5O_2 \rightarrow H_2O + 热量（10.8 兆焦）\qquad\qquad (3-9)$$

$$H_2S + 1.5O_2 \rightarrow SO_2 + H_2O + 热量（23.88 兆焦）(3-10)$$

甲烷是一种优质气体燃料，1 体积的甲烷需要 2 体积的氧气才能完全燃烧。氧气约占空气的 20%，而沼气中甲烷含量为 50%～70%，所以，1 体积的沼气需要 6～7 体积的空气才能充分燃烧，这是研制沼气用具和正确使用用具的重要依据。

一、沼气燃烧所需的空气量

（一）理论空气需要量

沼气燃烧需要供给适量的氧气，氧气过多或过少都对燃烧不利。在沼气应用设备中燃烧沼气所需要的氧气一般从空气中直接获得。由于空气中氧气约占体积的 20%，氮气约占 79%。因此，干空气中氮与氧的体积比为 3.76%。

所谓理论空气需要量，是指每立方米沼气按燃烧反应方程式完全燃烧所需的空气量，单位为米^{3}空气/米^{3}沼气。

沼气的理论空气需要量可按下式求得：

$$V_0 = r_1 V_{01} + r_2 V_{02} + \cdots + r_n V_{on} = \sum_{i=1}^{n} r_i V_i \qquad (3-11)$$

式中：V_0——沼气的理论空气需要量（米^3/米^3）；

V_{01}，V_{02}，$\cdots$，V_{on}——沼气中各可燃组分的理论空气需要量（米^3/米^3）；

r_1，r_2，$\cdots$，r_n——沼气中各可燃组分的体积比（%）。

从沼气燃烧反应方程式中可以看出，沼气的热值越高，燃烧所需的理论空气量越多（表3-3）。

(二) 过剩空气系数

理论空气需要量是沼气燃烧所需的最小空气量。由于沼气和空气燃烧时的混合不均匀性，如果只供给燃烧装置以理论空气量，则难以保证沼气与空气的充分混合，因而不能完全燃烧。因此，实际供给的空气量应大于理论空气量，其比值即称为过剩空气系数。

$$a = \frac{V}{V_0} \qquad (3-12)$$

通常$a>1$，a值的大小决定于沼气的燃烧方法和设备的运行情况。在民用沼气燃具中a一般控制在$1.3\sim1.6$。a过小将导致不完全燃烧；a过大，则增大烟气体积，降低炉膛温度，增加排烟热损失，其结果都将使加热设备的热效率降低。

二、沼气的燃烧产物

沼气燃烧后的产物就是烟气。

(一) 理论烟气量

按照理论空气量供给时，沼气完全燃烧产生的烟气量称为理论烟气量。理论烟气的组分是二氧化碳、二氧化硫、氮气和水蒸气。前 3 种组分合在一起称为干烟气。包括水蒸气在内的烟气称为湿烟气。沼气的热值越高，燃烧所产生的理论烟气量越多（表3-3）。

（二）实际烟气量

当有过剩空气时，烟气中除理论烟气组分外，尚含有过剩空气，这时的烟气量称为实际烟气量，按近似计算为：

$$V_f = V_f^0(a-1)V_0 \qquad (3-13)$$

式中：V_f——实际烟气量（米^3/米^3）；

$\quad\quad V_f^0$——理论烟气量（米^3/米^3）；

$\quad\quad V_0$——理论空气量（米^3/米^3）；

$\quad\quad a$——过剩空气系数。

如果燃烧不完全，则除上述组分外，烟气中还将出现一氧化碳、甲烷、氢气等可燃组分。

三、沼气的燃烧热值

1 米^3 沼气完全燃烧时所放出的热量称为该沼气的热值，单位为千焦/米^3。热值分为高热值和低热值。高热值是 1 米^3 沼气燃烧后，其烟气被冷却到原始温度，包括其中的水蒸气以凝结水状态排出时所放出的全部热量。低热值是指 1 米^3 沼气完全燃烧后，其烟气被冷却到原始温度，而其中的水蒸气仍为气态时所放出的热量。高热值与低热值之差为水蒸气的汽化潜热。

在工程上由于烟气中的水蒸气一般不会冷凝，通常仍以气体状态随烟气排出，所以常用低热值进行计算。

干沼气和湿沼气的热值可按下式进行换算：

$$Q_d = Q \times \frac{0.833}{0.833+d} \qquad (3-14)$$

$$Q_d = Q(1 - \frac{\varphi P_{sb}}{P}) \qquad (3-15)$$

式中：Q_d——湿沼气的低热值（千焦/米^3）；

Q——干沼气的低热值（千焦/米^3）；

d——沼气含湿量（千克/米^3 干沼气）；

φ——湿沼气的相对湿度；

P——沼气的绝对压力（帕）；

P_{sb}——与沼气温度相同时水蒸气的饱和分压力（帕）。

甲烷是一种发热值相当高的优质气体燃料。1 米^3 纯甲烷，在标准状况下完全燃烧，可放出 35 822 千焦的热量，最高温度可达 1 400℃。沼气中因含有其他气体，发热量稍低一点，为 20 000～29 000 千焦（表 3-3），最高温度可达 1 200℃。因此，在人工制取沼气时，应创造适宜的发酵条件，以提高沼气中甲烷的含量。

四、沼气的着火温度

所谓着火，就是可燃气体与空气中的氧气由稳定缓慢的氧化反应加速到发热发光的燃烧反应的突变点，其反应产生的热量比散发的热量略高，从而使可燃气体混合物温度升高，突变点的最低温度称为着火温度。

着火温度不是一个固定数值，它取决于可燃气体在空气中的浓度及其混合程度、压力以及燃烧室的形状与大小。沼气中因含大量惰性气体，其着火温度为 540℃左右，高于甲烷的着火温度，也就是说沼气比其他可燃气体难以点燃，这就对沼气燃具的设计和制造提出了更高的要求。

五、沼气的爆炸极限

当沼气与空气混合到一定浓度时，遇到明火则会引起爆炸，这种能爆炸的混合气体中所含沼气的浓度称为爆炸极限，用百分率表示。沼气在空气中的浓度若低于某一限度，氧化反应产生的热量不足以弥补散失的热量，因此，无法燃烧，此时称为爆炸下限；当沼气在空气混合物中的含量增加到能形成爆炸混合物时的最大浓度，称为爆炸上限。

沼气中因含惰性气体二氧化碳，其爆炸上限及下限均有提高。含有惰性气体的沼气，其爆炸极限按下式计算：

$$L_{\sigma} = L \times \frac{(1 + \frac{\sigma}{1-\sigma})}{1 + L \times \frac{\sigma}{1-\sigma}} \times 100\% \qquad (3-16)$$

式中：L_{σ}——含有惰性气体的沼气爆炸极限；

　　　L——沼气中纯可燃气体的爆炸极限；

　　　σ——惰性气体的体积百分比。

在常压下，标准沼气与空气混合的爆炸极限是 8.80% ～ 24.4%（表 3-3）；沼气与空气按 1：10 的比例混合，在封闭条件下，遇到火会迅速燃烧、膨胀，产生很大的推动力，因此，沼气除了可以用于炊事、照明外，还可以用作动力燃料，用于开动机器。

表 3-3　沼气的主要特性参数

特性参数	甲烷 50%、二氧化碳 50%	甲烷 60%、二氧化碳 40%	甲烷 70%、二氧化碳 30%
密度（千克/米³）	1.347	1.221	1.095
比重	1.042	0.944	0.847
热值（千焦/米³）	17 937	21 524	25 111
理论空气量（米³/米³）	4.76	5.71	6.67
爆炸上限（%）	26.1	24.44	20.13
爆炸下限（%）	9.52	8.80	7.00
理论烟气量（米³/米³）	6.763	7.914	9.067
火焰传播速度（米/秒）	0.152	0.198	0.243

六、沼气的燃烧速度

燃烧速度又称为火焰传播速度，它是沼气燃烧最重要的特性之一。当点燃一部分可燃混合物后，在着火处形成一层极薄的燃烧焰面，这层高温燃烧焰面加热了相邻的沼气—空气混合物，使其温度升高，当达到着火温度时，开始着火并形成新的焰面。焰面不断地向未燃气体方向移动，使每层气体都相继经历加热、着火和燃烧的过程，这个现象称为火焰的传播。未燃气体与燃烧产物的分界面称为焰面，焰面向前移动的速度称为火焰传播速度，单位为米/秒。沼气燃烧速度的大小与沼气的成分、温度、混合速度、混合气体压力、沼气与空气的混合比例有关。如：①氢气的热传导系数大，燃烧速度快，而甲烷燃烧速度慢；②沼气中因含惰性气体二氧化碳，火焰传播速度降低；③可燃气体温度上升，火焰传播速度和火焰温度也上升；④当空气量略低于理论空气量，即一次空气系数小于1时，燃烧速度为最大。如甲烷的最大火焰传播速度 S_n^{max} 为 0.38，此刻一次空气系数为 0.90。而对于氢气来说，最大火焰传播速度 S_n^{max} 为 2.80，此时的一次空气系数为 0.57。

第四章　户用沼气系统设计

户用沼气系统由沼气发酵子系统、沼气池保温与增温子系统、沼气输配净化与使用子系统、沼肥贮运和施用子系统构成，是构建和发展以沼气为纽带的优质高效农牧复合生态工程模式的基础和关键，其系统科学性、结构合理性和技术先进性决定了农牧复合生态工程的持久运行和效能发挥。

第一节　户用沼气发酵装置设计

各种有机质通过微生物的作用进行沼气发酵人工制取沼气的密闭装置，在中国被称为沼气池，它是生态家园和庭园生态农业建设的基础和核心。在设计上力求简易、实用、高效、易管，在修建上应保证不漏水、不漏气。

一、设计参数

在设计沼气池前，必须根据地质、水文、气象、建筑材料、所采用的有关设计规范、沼气发酵工艺参数等有关资料作为设计依据，在这里着重介绍沼气发酵工艺参数。

（一）气压

沼气发酵工艺及沼气灯炉具都要求沼气气压相对稳定，且宜小不宜大。对于水压式沼气池，如果设计气压过大，则池体结构强度加大，气密性等级提高，投资加大；气压过小，势必水压间面积过大，占地多（顶水压式除外）。因此，我国农村家用水压式沼气池常用设计气压一般为 6 000～8 000 帕，浮罩式沼气池设计气压一般为 2 000～3 000 帕。

(二) 水力滞留期

水力滞留期 (Hydraulic retention time) 以 HRT 表示,它是指原料在池内的平均滞留时间。水力滞留期一般用水力学方法计算:

$$HRT = \frac{V_0}{V_t} \qquad (4-1)$$

式中: V_0——沼气池有效容积 (米^3);

V_t——每天进料体积 (米^3/天);

HRT——水力滞留期 (天)

水力滞留期是设计沼气池的重要参数。知道了每天的进料体积,确定了水力滞留期,就可以计算出需要建的沼气池的有效容积。

滞留期选择过小,则原料不能充分分解利用,甚至使发酵不能正常进行。因此某些条件确定之后,从发酵工艺角度考虑,要确定一个极限水力滞留期。

滞留期选择过大,原料分解利用固然好,但建池容积增大,池容产气率下降,沼气成本增高,投资回收期加长,也是不合算的。

最佳滞留期的选择要根据工程目标、料液情况、温度等具体条件确定。户用沼气池通常采用自然温度发酵,其产气温度区间为 10～28℃,低于 10℃产气少。由于各地气候不一样,在上述温度区间内的变化极大,在选择水力滞留期时既要考虑最高温度,又要考虑最低温度。实际运行中,沼气池在夏季处于某种"饿肚子"状态,冬季又处于某种"胀肚子"状态,这是采用变温发酵工艺的不可避免的缺陷。

当采用恒温发酵工艺时,畜禽粪便中的固形物如果不分离,进料总固体浓度较高,这时中温发酵 (30℃) 的水力滞留期一般为 20 天左右,若采用变温发酵,水力滞留期一般为 30～60 天。

采用批量投料发酵工艺时,原料的水力滞留期是指从进料到出料的整个周期。采用有大出料的半连续发酵工艺时，原料的水力滞留期无法确定，它与第一次投料的多少、补料情况、出料时间和数量有关。

（三）容积产气率

容积产气率是指在一定的发酵条件下，沼气池单位容积的产气量。容积产气率的单位是"米³/（米³·天）"。

由于容积产气率这一指标与沼气池的能源效益紧密联系，因此受到了人们的重视。又由于这一指标可用气体流量测定，可以进行现场检测，因此把它作为一个沼气池的重要评价指标。

但是把它作为唯一指标是片面的，因为这一指标受综合因素的影响，例如，受到原料入池的多少、原料种类、沼气池规模、发酵的时间、温度等的影响。只有在这些因素基本相同的情况下，才能用这一指标评判和比较不同新型沼气池的功能及优劣。

从技术上看，采用高温发酵的小型试验装置，其容积产气率可以达到 30 升/（升·天）以上。采用农业废弃物的沼气池，在中温情况下，可达 2 米³/（米³·天）；采用自然温度发酵的高效户用沼气池，在夏季，原料充足时也可以达到 1 米³/（米³·天）。在温度为 11℃ 条件下，在实验室中可达到 0.3 升/（升·天）。

影响沼气池容积产气率的因素很多，如温度、浓度、搅拌、原料预处理程度、接种物、技术管理、池型发酵技术等。由于情况各异，其容积产气率也不是一个固定的数字，但是，作为沼气池的通用设计，根据目前我国户用沼气池发酵产气水平，设计容积产气率采用 0.20～0.5 米³/（米³·天）。

（四）容积有机负荷率

容积有机负荷率是指单位沼气池容积，在单位时间内，所承受的有机物质的数量。农村沼气发酵容积有机负荷率的单位是

"千克总固体/（米^3·天）"，其计算见公式如下：

$$容积有机负荷率 = \frac{每天进入沼气池的总固体量}{沼气池发酵容积} \quad (4-2)$$

显然，容积有机负荷率是一个衡量沼气池处理能力大小的指标。从公式（4-2）可以看出，这一指标是由进料浓度和水力滞留期所确定的（推导过程略）。

例：某农场沼气工程每天进浓度为 6% 的原料 10 吨，沼气池有效容积为 400 米^3，则该沼气池的容积有机负荷率为多少？

解：根据上述条件，每天进料量约等于 10 米^3。

水力滞留期＝400/10＝40（天）

进料浓度 6%，约等于 60 千克总固体/米^3。则：

容积有机负荷率＝60/40＝1.5［千克总固体/（米^3·天）］

容积有机负荷率是衡量一个沼气工程处理有机物质效率的重要指标，在保证原料产气率或者有机物质去除率能达到一定指标的前提下，越高越好。

若无特殊要求，设计原则是在保证一定原料产气率的条件下，尽量提高容积产气率。

原料产气率的提高和容积产气率的提高是有矛盾的，因为滞留期越长，原料分解越好，原料产气率越高，总产气量就增加。但由于滞留期加长，池容也增加，当总产气量增加赶不上池容增加时，容积产气率就会下降。在一般情况下，要获得高的容积产气率，必须提高容积负荷率。当这种提高超过一定限度时，原料产气率就会下降。要获得高的原料产气率时，水力滞留期增加，因而容积负荷率下降，超过一定限度时，引起容积产气率下降。在进行发酵工艺设计时，必须兼顾原料产气率和容积产气率。

（五）贮气量

水压式沼气池靠池内带有压力的沼气将发酵料液压到水压间（大部分）、进料间（小部分）而贮存沼气。浮罩式沼气池靠浮罩升降贮存沼气，通过浮罩的重量提供沼气输配压力。

沼气系统的贮气量一般由用户用气负荷大小决定，户用沼气系统的设计贮气量一般为 12 小时所产生的沼气量，即昼夜产气量的 1/2。

（六）池容

池容即沼气池容积，指发酵池净空容积。沼气池容积的合理确定，是沼气池设计中一个重要问题。设计过小，不能充分利用原料和满足使用要求；设计过大，如果没有足够的发酵原料，势必浓度降低，从而产气率降低，造成人力、物力的浪费。因此，户用沼气池的容积应根据用户所拥有的发酵原料（数量和种类）、滞留时间、用气要求等因素合理确定。一般条件下，农村户用沼气池池容为 6 米^3、8 米^3、10 米^3。

（七）投料率

投料率指的是最大限度投入的料液所占发酵间容积的百分率。设计最大投料量一般水压式沼气池为沼气池容积的 90%，料液上部留适当空间，以免导气管堵塞和便于收集沼气；浮罩式沼气池为沼气池容积的 98%。最小设计投料量以不使沼气从进、出料管漏掉为原则。

二、发酵工艺

户用沼气一般采用常温发酵工艺处理和转化畜禽粪便，每天进入沼气发酵装置的粪便数量决定于畜禽养殖品种和养殖规模，原料在装置内的水力滞留期主要取决于沼气发酵温度、进料总固体浓度、沼气微生物的数量和活性等因素。

常温发酵工艺的温度变化范围为 10～28℃，在此范围内，温度越高，微生物分解有机物质的速度越快，沼气产量越高，水力滞留期越短。根据实验室检测和沼气工程实践，在 15～25℃的常温发酵区，畜禽粪便的水力滞留期（HRT）、容积产气率和挥发性固体（VS）去除率的变化如表 4-1 所示。

表4-1 发酵温度对水力滞留期和产气率的影响

发酵温度（℃）	鸡粪			牛粪		
	水力滞留期 HRT（天）	容积产气率 [米³/（米³·天）]	VS去除率（%）	水力滞留期 HRT（天）	容积产气率 [米³/（米³·天）]	VS去除率（%）
15	55	0.48	50.8	60	0.24	40.0
20	40	0.72	60.5	45	0.42	41.4
25	30	1.38	61.1	32	0.50	60.0
30	24	1.80	71.5	28	0.60	64.0

常温条件下，户用沼气进料总固体浓度一般为6%～10%。进料总固体浓度随着发酵温度的变化而变化，发酵温度高，进料总固体浓度取低值；发酵温度低，进料总固体浓度取高值。浓度过高或过低，都不利于沼气发酵。浓度过高，则含水量过少，发酵原料不易分解，并容易积累大量酸性物质，不利于沼气菌的生长繁殖，影响正常产气。浓度过低，则含水量过多，单位容积里的有机物质含量相对减少，产气量也会减少，不利于沼气发酵装置的充分利用。

为了比较准确地描述常温条件下，不同地区沼气发酵工艺参数的变化规律，并依据各区域沼气发酵工艺参数计算适宜的发酵容积，根据我国不同地区的年平均温度条件，将南方地区划分为高常温发酵区、中部地区划分为中常温发酵区、北方地区划分为低常温发酵区，并根据实验室检测和沼气工程实践结果，确定出不同常温区域的发酵温度、水力滞留期、进料总固体浓度等工艺参数（表4-2）。

表4-2 户用常温沼气发酵温度对工艺参数的影响

区 域	发酵温度（℃）	水力滞留期（天）	发酵料液浓度（%）	容积产气率 [米³/（米³·天）]
高常温发酵区	25±2.5	30	6	0.4
中常温发酵区	20±2.5	45	8	0.3
低常温发酵区	15±2.5	60	10	0.2

三、容积计算

容积计算是沼气发酵装置设计的前提，户用沼气工程是在常温发酵工艺条件下，依据不同温区的水力滞留期和进料总固体浓度，根据畜禽养殖数量和经营该模式的成年人人数来构建沼气发酵装置容积的计算模型。

户用沼气工程工艺调控的基本参数为进料浓度、水力滞留期和发酵温度。沼气发酵启动阶段完成之后，发酵效果主要依靠调节这三个基本参数来进行控制。采用该工艺时，发酵容积、水力滞留期和进料总固体浓度有如下关系：

$$V = \frac{V_t \times HRT}{B} = \frac{(G_1 T_{s1} + G_2 T_{s2})X + (H_1 T_{s3} + H_2 T_{s4})Z}{S_0 \times D \times B} \times HRT$$

$$(4-3)$$

式中：V——发酵装置总容积（米^3）；

$\quad\quad B$——发酵装置装料有效容积（%）；

$\quad\quad V_t$——每天进料体积（米^3/天）；

$\quad\quad HRT$——水力滞留期（天）；

$\quad\quad G_1$、G_2——畜禽每天的粪、尿排泄量（千克）；

$\quad\quad T_{s1}$、T_{s2}——畜禽粪、尿的总固体含量（%）；

$\quad\quad X$——畜禽养殖数量（头、只）；

$\quad\quad H_1$、H_2——成年人每天的粪、尿排泄量（千克），据测定，H_1 为 0.63 千克，H_2 为 1.27 千克；

$\quad\quad T_{s3}$、T_{s4}——人粪和人尿的总固体含量（%），据测定，T_{s3} 为 20.0%，T_{s4} 为 0.4%；

$\quad\quad Z$——经营农牧复合生态工程模式的成年人人数（人）；

$\quad\quad S_0$——进料总固体浓度（%）；

$\quad\quad D$——进料比重（千克/米^3），按照 1 000 千克/米^3 计算。

由式（4-3）可知，沼气池总容积与进入装置的发酵原料数量和水力滞留期成正比，与发酵料液浓度成反比。农村常用发酵原料的产生量及特征汇总于表 4-3 和表 4-4，作为计算发酵装置容积的依据。

表 4-3　畜禽粪便类发酵原料产生量及特性

原料种类	产生量 ［千克/（头或只·天）］	总固体（TS） 浓度（%）	挥发性固体 （VS/TS）比例（%）	碳：氮 （克/克）
猪粪	1.4～1.8	20～25	77～84	13～15
鸡粪	0.1～0.15	29～31	80～82.0	9～11
奶牛粪	30～33	16～18	70～75	17～26
肉牛粪	12～15	20～22	79～83	7～16
羊粪	1.1	30	68	26～30
鸭粪	0.1	16	80	
兔粪	0.4	37	68	

表 4-4　秸秆类发酵原料产生量及特性

原料种类	产生量 千克/（亩·年）	总固体（TS） 浓度（%）	挥发性固体 （VS/TS）比例（%）	碳：氮 （克/克）
玉米秸秆	420～610	80～95	74～89	51～53
小麦秸秆	170～270	82～88	74～83	68～87
水稻秸秆	210～310	83～95	82～84	51～67

对于户用沼气系统而言，一般畜禽养殖数量不是根据模式需要配置，而是根据家庭经济和管理能力配置，并且采用集中用肥模式，因此水力滞留期一般为 90 天左右，沼气池装料有效容积为 85% 左右，进料总固体浓度为 6% 左右。将以上参数代入模型（4-3），得到农户型农牧复合生态工程模式沼气池容积的计算模型：

养猪　　　　　　　$V = 1.17X + 0.231Z$

养牛　　　　　　　　$V=7.731X+0.231Z$

养羊　　　　　　　　$V=1.136X+0.231Z$　　　　　（4-4）

养鸡　　　　　　　　$V=0.079X+0.231Z$

由式（4-4）计算得户用沼气池容积与人口及畜禽养殖量的关系（表4-5）。

表4-5　户用沼气池容积与人口及畜禽养殖量的关系

池容 （米^3）	成人 （人）	用气量 （米^3）	养猪量 （头）	养牛量 （头）	养羊量 （头）	养鸡量 （只）
6	3	1.0	4～5	1	5	67～68
8	4	1.2	6	1	6～7	89～90
10	5	1.5	7～8	1～2	8	111～112
12	6	1.8	9	1～2	9～10	134～135
14	7	2.1	10～11	1～2	11～12	156～157
16	8	2.4	12～13	1～2	12～13	179～180
18	9	2.7	13～14	2	14	201～202
20	10	3.0	15～16	2～3	15～16	223～224

四、优化技术

在户用沼气系统中，要获得较高的沼气发酵装置产气率和发酵原料转化率，除了为沼气发酵微生物创造适宜的生存和繁殖条件外，还需要通过对发酵装置进行优化设计，使其形成厌氧活性污泥循环利用和微生物附着增殖的动态高效连续发酵运行机制。

（一）旋流布料自动循环技术

静态沼气池因存在料液"短路"等技术问题，导致发酵装置内的有机活性固体物和微生物滞留期缩短，原料消化率和产气率低下。旋流布料自动循环沼气池依靠沼气发酵装置所产沼气的动力，实现了沼气发酵料液的自动循环和自动破壳等动态发酵机制。

旋流布料自动循环沼气发酵装置（图4-1）是在矢跨比f_2/D

为 1/7 的螺旋面池底上，用一曲率半径（r）为 5D/8 的圆弧形导流板将进、出料隔断，使入池原料在导流板的导流作用下，必须沿导流板旋动才能到达循环管和抽渣管的下部，从而延长了入池发酵原料的流动路程和滞留时间，解决了传统水压式沼气池存在的发酵盲区和料液"短路"等技术问题。沼气发酵装置产气后，沼气产气动力将发酵装置内的发酵料液通过循环管压到水压酸化间内贮存起来；用气时，贮存在水压酸化间内的料液，经单向阀和进料管回流进发酵间，从而完成发酵料液的自动循环过程。

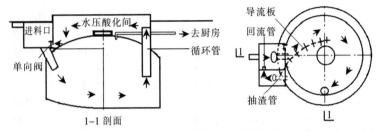

图 4-1　旋流布料自动循环沼气池

从理论上讲，参与自动循环的发酵料液数量 V_x 取决于沼气发酵装置的有效容积 V 和容积产气率 C。当发酵料液按沼气发酵装置容积 V 的 90％ 装填和调控，池底按矢跨比 f_2/D 为 1/7 的消球面计算时，可得到 V_x 的计算公式：

$$V_x = 0.9\pi\left[\frac{f_1(3R^2 + f_1) + (3R^2 + f_2)}{6} + R^2 H\right]C \quad (4-5)$$

式中：V_x——自动循环的发酵料液量（米³/天）；

　　　f_1——池盖矢高（米）；

　　　f_2——池底矢高（米）；

　　　H——池墙高度（米）；

　　　R——池体净空半径（米）；

　　　C——发酵装置容积产气率［米³/（米³·天）］。

（二）微生物附着成膜技术

1. 厌氧生物膜的形成原理与过程

在沼气发酵系统中，微生物不仅大小、形态和生长阶段各不相同，而且存在形式也有很大差异。它们既可以单独存在，也可以聚集成多种群体结构。这些群体结构的形成，影响着微生物的生存和营养物质的传递，进而影响微生物的数量和活性。

生物膜是黏附在固体表面上的一层微生物体，也可以说它是固体表面上一层充满微生物的黏膜。微生物几乎能在任何一个浸在流体介质中的固体表面定居，并通过生长繁殖而形成生物膜。旋动式气液搅拌沼气发酵装置将微生物的这一特性应用于沼气发酵过程，利用空隙率较高的旋流布料墙表面形成微生物生长繁殖的载体，通过微生物的富集增殖，在其表面形成厌氧生物膜，从而保留了高活性的微生物，增加了微生物的滞留期，减少了微生物的流失。

在旋动式沼气发酵装置中，生物膜的主要形成和发展过程如图4-2所示。

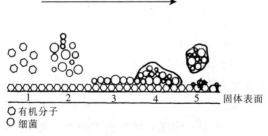

图4-2 生物膜的形成过程

（1）发酵原料中的有机分子转移并吸附至固体表面。

（2）微生物（主要为细菌）被输送到固体表面。

（3）微生物借助双阶段附着过程附着到固体表面。

（4）栖身于固体表面的微生物利用基质生长繁殖，并在局部表面首先形成生物膜；随着新生生物膜的不断发展，整个表面逐渐被生物膜覆盖而完全挂膜；完全挂膜后，由于微生物的不断增殖，生物膜逐渐加厚。

（5）当生物膜增厚至一定程度时，膜内侧的微生物因得不到充足的营养物质和代谢产物不能及时排出而渐趋老化，呈老化状态的生物膜脱落，并开始新的生物膜的形成。

2. 旋动式沼气池挂膜面积计算

在旋动式沼气池中，微生物附着固定和生长繁殖的载体由发酵装置内表面和圆弧形导流板表面构成。导流板由曲率半径为 $5R/4$ 和曲率半径为 $R/4$（R 为池体净空半径）的两段圆弧组成，其上均布长×宽＝$a×b$ 的挂膜齿。设沼气发酵装置的零压面为池盖与池墙的交接面，不计导流板和挂膜齿的厚度，则旋动式沼气池微生物挂膜面积可通过式（4-6）和式（4-7）计算：

（1）发酵装置内表面形成的挂膜面积

$$F=F_2+F_3=2\pi RH+\pi\left(R^2+f_2^2\right) \tag{4-6}$$

式中：F_2——池墙内表面面积（米^2）；

　　　F_3——池底内表面面积（米^2）；

　　　f_2——池底矢高（米）；

　　　H——池墙高度（米）；

　　　R——池体净空半径（米）。

（2）导流板表面形成的挂膜面积

$$F=2\left(F_b+F_c\right)=2\left(F_{b1}+F_{b2}+F_c\right) \tag{4-7}$$

式中：F_{b1}——导流板池墙部分的单面表面积（米^2）；

　　　F_{b2}——导流板池底部分的单面表面积（米^2）；

　　　F_c——导流板上挂膜齿的单面表面积（米^2）。

由导流板和挂膜齿的布局和几何关系（图4-3），可得：

$$F_{b1}=\left(r_1\beta_1+r_2\beta_2\right)H$$

$$F_{b2}=\left(r_1\beta_1+2r_2\beta_2\right)f_1/2 \tag{4-8}$$

$$F_c = (r_1\beta_1 + r_2\beta_2)\ H$$

式中：r_1——曲率半径为 $5R/4$ 的导流板部分（米）；

$\quad\quad r_2$——曲率半径为 $R/4$ 的导流板部分（米）；

$\quad\quad \beta_1$——曲率半径为 $5R/4$ 的导流板部分所对圆心角，β_1
$\quad\quad\quad =45°$；

$\quad\quad \beta_2$——曲率半径为 $R/4$ 的导流板部分所对圆心角，β_2
$\quad\quad\quad =90°$；

$\quad\quad f_2$——池底矢高（米）；

$\quad\quad H$——池墙高度（米）。

将式（4-8）代入式（4-7）可得：

$$F = 2\ (F_{b1} + F_{b2} + F_c)$$
$$= 2\ [2\ (r_1\beta_1 + r_2\beta_2)\ H + (r_1\beta_1/2 + r_2\beta_2)\ f_1]$$
$$= 2\ (7\pi RH/8 + 9\pi R^2/112) = 5.498RH + 0.505R^2$$

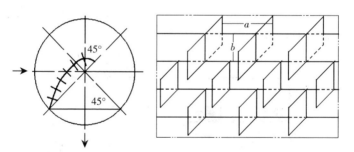

图 4-3　旋动式沼气池挂膜截面与布局

3. 厌氧生物膜的应用特性

在沼气发酵装置中采用生物膜技术，首先，实现了微生物（固体）与被处理废水（液体）的有效分离，并由此带来了两大好处，即：由于出水中的微生物量大大降低，保证了出水的质量；由于污泥流失少，保持了微生物浓度，从而保持了发酵装置的处理效能。其次，生物膜能将生长缓慢但具有重要作用的微生物保存于发酵装置内，提高了微生物滞留期，维持了微生物群体的生态稳定性。再次，生物膜可吸附毒性物质，使之从废水中去除，还可富集营养物质，提高微生物反应的速度。最后，通过生物膜的屏蔽作用，膜内保持了相对稳定的环境，使微生物免受了外界条件（浓度、毒物、温度、湍流）剧变的影响。

（三）气动搅拌技术

在沼气发酵装置中，沼气发酵反应是依靠微生物的代谢活动进行的，要使微生物代谢活动持续进行，就需要使微生物不断接触新鲜原料。在静态沼气发酵装置中，发酵料液因比重不同，通过自然沉淀和上浮而分成浮渣层、清液层、活性层和沉渣层4层（图4-4）。在这种情况下，厌氧微生物活动较为旺盛的场所仅限于活性层内，其他各层或因可被利用的原料缺乏，或因条件不适宜微生物的活动，使沼气发酵进行缓慢。通过搅拌措施，可使微生物与发酵原料充分接触，同时打破分层现象，使活性层扩大到全部发酵区域内。此外，搅拌还有防止沉渣沉淀、去除浮渣层、保证池温均匀、促进气液分离等功能。

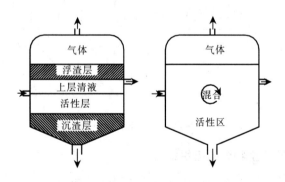

图4-4 沼气发酵装置的静态与动态状态

沼气池气动搅拌装置由削球壳形集气罩、集气罩底部多个导流槽和支撑集气罩的支柱构成。集气罩的净空跨度等于沼气池发酵间半径，矢跨比等于1/3；导流槽直径等于沼气池发酵间直径的1/100，与集气罩底圆周切线成30°角。该装置可用钢材、塑料、玻璃钢制造，通过 $3\sim5$ 个支柱固定于沼气池发酵间内，距池底高度等于沼气池池墙高度的 $1/2$（图 $4-5$）。

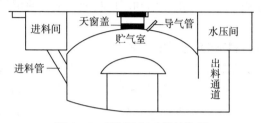

图 $4-5$　沼气池气动搅拌装置

沼气池气动搅拌装置的搅拌能量由集气罩下部发酵原料产生的沼气动力所提供，由集气罩下部包含的发酵容积和容积产气率决定。计算如下：

$$V_q = V_c \times C = \frac{\pi R^2}{4} \times \frac{H}{2} \times C = \frac{\pi R^2 HC}{8} \qquad (4-9)$$

式中：V_q——集气罩每天收集的沼气量（米^3/天）

　　　R——池体净空半径（米）。

　　　H——池墙高度（米）；

　　　C——发酵装置容积产气率［米^3/（米^3·天）］。

集气罩内的净空容积 V_j 通过下式计算：

$$V_j = \pi f(3r^2 + f^2)/6 = \pi \times \frac{R}{3}\left(\frac{3R^2}{4} + \frac{R^2}{9}\right)\Big/6 = 15.5\pi R^3$$

$$(4-10)$$

式中：f——集气罩矢高，$f = R/3$（米）；

　　　r——集气罩底面半径，$r = R/2$（米）；

　　　R——池体净空半径（米）。

在静态条件下，当集气罩收集的沼气量大于集气罩内的净空容积，即 $V_q > V_j$ 时，沼气即从导流槽释放，从而对发酵料液进行搅拌。

在动态条件下，当沼气在集气罩内汇集到一定数量，气压大于沼气池内压力，或者使用沼气使池内压力降低时，集气罩内具有一定压力和能量的沼气定向、集中从导流槽释放，形成旋转气流，冲动池内中上层料液，引动底层料液，从而使沼气池内的料液得到均匀搅拌。

（四）纤维物料两步发酵工艺

两步发酵工艺又称为两阶段沼气发酵工艺或两相沼气发酵工艺，其核心是将沼气发酵的水解酸化阶段和产甲烷阶段加以隔离，分别在两个发酵装置内进行沼气发酵。其工艺流程如图 4-6 所示。

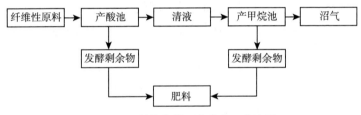

图 4-6　纤维物料两步发酵工艺流程

由于水解酸化菌繁殖较快，所以水解酸化装置体积较小，通常靠强烈的产酸作用将发酵液 pH 降低到 5.5 以下，这样在该发酵装置内就足以抑制产甲烷菌的活动。产甲烷菌繁殖速度慢，常成为沼气发酵装置的限速步骤，因而产甲烷消化装置体积较大，因其所进料液是经酸化和分离后的有机酸溶液，悬浮固体物含量很低，所以一般采用厌氧上流式污泥床反应器（UASB）、厌氧过滤器（AF）、部分充填的上流式厌氧污泥床或者厌氧接触式反应器等动态高效沼气发酵装置。

根据两步发酵工艺的原理和特点，在旋动式沼气发酵装置中，将沼气发酵速度悬殊的秸秆类纤维性原料和畜禽粪污类易消化富氮原料进行粪草分离，秸秆等纤维性原料在敞口水解酸化池里完成水解和酸化，酸化液通过单向阀自动进入发酵间发酵产气，剩余的以木质素为主的水解残渣从酸化池直接取出，作为肥料使用，从而解决了秸秆等纤维性原料入池发酵分解慢、易漂浮、难出料的技术难题，成为动态高效、简便适用的发酵工艺。

(五) 太阳能自动聚温加热技术

农牧复合生态工程中的沼气发酵装置一般都采用常温发酵工艺，其发酵池温度随当地地温变化而变化，地温又随气温变化而变化。根据在陕南汉中和陕北延安测定的全年池温变化曲线（图4-7），埋入地下的传统沼气池，最高发酵料液温度无论是延安还是汉中都只有25℃左右，冬季最低料液温度汉中为11℃，延安为5℃。

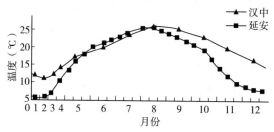

图4-7　户用沼气池全年温度变化曲线

试验表明，当池温在15℃以上时，沼气发酵才能较好地进行。池温在10℃以下时，无论是产酸菌或产甲烷菌都受到严重抑制，容积产气率仅0.01米³/（米³·天）左右。温度在10℃以上时，产酸菌首先开始活动，总挥发酸含量直线上升，可达4 000毫克/升。温度在15℃以上时，产甲烷菌的代谢活动才活跃起来，容积产气率明显升高，挥发酸含量迅速下降，容积产气率可达0.1～0.2米³/（米³·天）。温度在20℃以上时，容积产气率可达0.4～0.5米³/（米³·天）。由此可见，当沼气池池温在15℃以上时，基本可以保证用气。但延安地区池温在15℃以上的时间只有5月中旬到10月下旬的170天左右。因此，必须考虑沼气池的增温与保温。

在旋动式沼气发酵装置中，通过在水压间和酸化间上设置太阳能透光板和吸热板，利用太阳能对发酵料液自动加温，并通过料液循环系统，将加热后的料液自动循环进发酵池内（图4-8），经检测，可提高发酵原料温度3～5℃，并使原料和菌种充分混合，有效地提高了容积产气率。

透光板

吸热板

图4-8　太阳能自动增温加热装置

（六）提高微生物滞留期

沼气发酵装置在具备适宜的运行条件的基础上，决定其功能特性和效率高低的主要因素是在与发酵温度和负荷相适应的一定的水力滞留期下，保持较高的固体滞留期和微生物滞留期。

1. 水力滞留期及其特性

水力滞留期（HRT）是指一个沼气发酵装置内的发酵料液按体积计算被全部置换所需要的时间，通常以天或小时为单位，计算公式如下：

$$HRT = \frac{V}{Q} \tag{4-11}$$

式中：HRT——沼气发酵装置的水力滞留期（天）；

V——沼气发酵装置的有效容积（米^3）；

Q——每天进料量（米^3/天）。

当沼气发酵装置在一定的容积负荷条件下运行时，其水力滞留期与发酵原料有机物质含量呈正比，有机物质含量越高，水力滞留期则越长，有利于提高有机物质的分解率。降低发酵原料的有机物质浓度或增加沼气发酵装置的负荷，会使水力滞留期缩短，引起大量的沼气发酵细菌从沼气发酵装置里流失，降低有机物质的分解率和沼气产量。高效沼气发酵装置的研究思想和研究方法，就是采取一定的措施将有机物质和微生物滞留在发酵装置中，提高有机物质和微生物的数量，从而提高产气量。

2. 固体滞留期及其特性

固体滞留期（SRT）是指悬浮固体物质从沼气发酵装置里被置换出来的平均时间，通常以天为单位，计算公式如下：

$$SRT = \frac{T_{ssr} \times V_r \times D_r}{T_{sse} \times V_e \times D_e} \quad (4-12)$$

式中：T_{ssr}——沼气发酵装置内总悬浮固体的平均浓度；

T_{sse}——沼气发酵装置出水的悬浮固体平均浓度；

V_r——沼气发酵装置的有效发酵容积；

V_e——每天从沼气发酵装置出水的体积；

D_r——沼气发酵装置内悬浮固体物的密度；

D_e——出水中的悬浮固体物的密度。

从式（4-12）可以看出，固体滞留期在非完全混合沼气发酵装置里与水力滞留期无直接关系，在沼气发酵装置内污泥密度与出水的污泥密度基本相等的情况下，沼气发酵装置体积与出水体积不变时，固体滞留期与沼气发酵装置内总悬浮固体的平均浓度成正比，而与出水里的总悬浮固体的平均浓度成反比。

当沼气发酵装置以较长的固体滞留期运行时，一部分衰老的微生物细胞被分解，为新生长的微生物提供了营养物质，可以减少微生物对原料的营养要求。一方面，因固体滞留期的延长，使固体有机物质分解得更为彻底；另一方面，因衰亡微生物的分解，使细菌得到更多的营养物质，因而较长的固体滞留期使污泥的甲烷化活性提高，污泥的沉降性能得到改善。在沼气发酵装置里，沼气发酵微生物常附着于固体物表面生长，固体滞留期的延长也增加了微生物的滞留期，所以固体滞留期的延长也同时增加了微生物的数量，减少了微生物从沼气发酵装置中的流失。

3. 微生物滞留期及其特性

微生物滞留期（MRT）指从微生物细胞的生成到被置换出沼气发酵装置的平均时间。在一定条件下，微生物繁殖一代的时间基本稳定，如果微生物滞留期小于微生物繁殖增代时间，微生物将会随着出水从沼气发酵装置里流失干净，沼气发酵将被终止。如果微生物繁殖增代时间与微生物滞留期相等，微生物的繁殖与被冲出处于平衡状态，则沼气发酵装置的消化能力难以增长，沼气发酵装置则难以启动。如果微生物滞留期大于微生物繁殖增代时间，则沼气发酵装置内微生物的数量会不断增长。

沼气发酵装置内微生物的增长速度可通过莫诺（Monod）方程来描述：

$$\frac{dx}{dt} = \frac{\hat{u}X[S]}{K_s + [S]} \qquad (4-13)$$

式中：$\frac{dx}{dt}$——沼气发酵微生物的比增长速度；

$\hat{u}$——沼气发酵微生物在适宜条件下的最高繁殖速度；

X——沼气发酵装置内该类沼气发酵微生物的总量；

S——沼气发酵装置内发酵底物浓度；

K_s——沼气发酵装置内发酵底物的饱和常数，即出现沼气发酵微生物最大繁殖速度时的底物浓度。

由 Monod 方程可见，在沼气发酵过程中，沼气发酵微生物的增长速度与该种微生物的最高繁殖速度（$\hat{u}$）成正比，与该类细菌的总量（X）成正比，与底物浓度（S）成正比，与该种底物的饱和常数成反比。由此可见，在一定条件下，沼气发酵装置的效率与微生物滞留期呈正相关。如果微生物滞留期无限延长，则老细胞会不断死亡而被分解掉，微生物的繁殖和死亡处于平衡状态，不会有多余的微生物排出。因此，延长微生物滞留期不仅可以提高沼气发酵装置处理有机物质的效率，并且可以降低微生物对外加营养物的需求，还可减少污泥的排放，减少二次污染物的产生。

要想使沼气发酵装置获得较高的原料消化率和容积产气率，就必须使水力滞留期与微生物滞留期分离，使沼气发酵装置获得比水力滞留期更长的微生物滞留期。要达到这一目的，其一靠污泥的沉降使微生物滞留，其二靠微生物附着于支持物的表面形成生物膜而滞留，这样就可使微生物滞留期大大延长。

五、发酵装置

(一)旋动式沼气池

在近代单级沼气池结构中，由正削球面池盖、圆柱面池墙和反削球面池底三部分构成的圆筒形沼气池（图4-9）具有结构简单、力学性能好、易于施工等优点。旋动式沼气池（图4-10）在保留圆筒形沼气池结构优点的基础上，将进料间和出料间由180°布局变为90°布局，通过旋流布料墙将进、出料隔开，使进入沼气池的原料在旋流布料墙的导流作用下，做圆弧形流动至出料通道底部；将反削球面池底变为螺旋面池底，在旋流布料墙和圆筒形池墙的共同作用下，使进入沼气池的原料由高向低、由窄向宽流动，流动路线比进、出料180°布局的静态沼气池延长了1倍多，增加了发酵原料在池内的滞留时间，提高了固体滞留期和微生物滞留期；流动到最低处的发酵残渣，通过由抽渣管和出料活塞构成的强制循环装置进行回流搅拌或出料，提高了菌料均匀度，消除了传统沼气池存在的料液"短路"、发酵盲区和微生物贫乏区和出料难等技术问题。旋流布料墙在完成消"短"除"盲"的同时，实现自动破壳和固菌成膜的功能。设置在水压间上的太阳能加热装置利用太阳能对发酵料液自动加温，并通过料液强制循环装置，将加热后的料液强制循环进发酵间内，从而实现自动加热发酵原料的目的。

1. 结构与功能

旋动式沼气池由进料口、进料管、发酵间、贮气室、水压间、活动盖、导气管、旋流布料墙、贮肥间和盖板、活塞与抽渣管、酸化间、加热板等部分组成（图4-11）。

（1）进料口和进料管　进料口位于畜禽舍地面下，由设在地下的进料管与发酵间连通。进料口将厕所、畜禽舍收集的粪污，

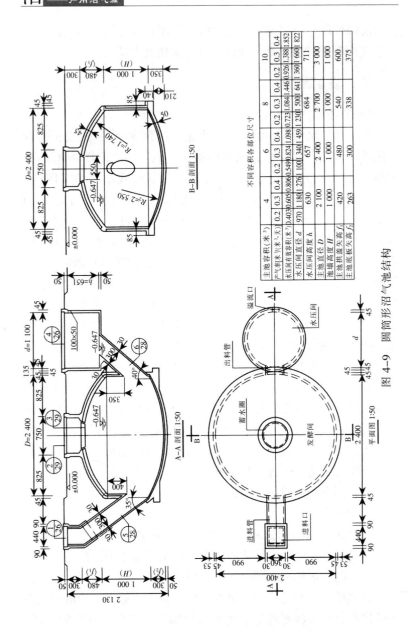

主池容积(米³)	4			6			8			10		
产气率(米³/(米³·天))	0.2	0.3	0.4	0.2	0.3	0.4	0.2	0.3	0.4	0.2	0.3	0.4
水压间有效容积(米³)	0.403	0.605	0.806	0.549	0.824	1.098	0.723	1.084	1.446	0.926	1.388	1.852
水压间直径 d	970		1 180	1 276	1 100	1 340	1 459	1 230	1 500	641	1 360	1 660	822
主池直径 D	630			657			684			711		
池墙高度 H	2 100			2 400			2 700			3 000		
主池拱盖矢高 f₁	1 000			1 000			1 000			1 000		
主池底板矢高 f₂	420			480			540			600		
	263			300			338			375		

不同容积各部位尺寸

图 4-9 圆筒形沼气池结构

B—B 剖面 1:50

A—A 剖面 1:50

平面图 1:50

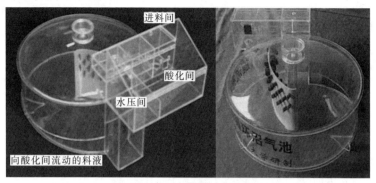

图 4-10　旋动式沼气池模型

通过进料管注入沼气池发酵间。进料管内径一般为 20~30 厘米，采取直管斜插于池墙中部或直插于池顶部的方式与发酵间连通，目的是保持进料顺畅、便于搅拌、施工方便。

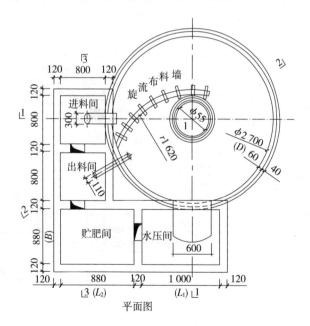

平面图

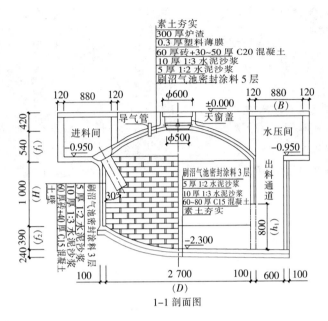

素土夯实
300 厚炉渣
0.3 厚塑料薄膜
60 厚砖+30~50 厚 C20 混凝土
10 厚 1:3 水泥沙浆
5 厚 1:2 水泥沙浆
刷沼气池密封涂料 5 层

1-1 剖面图

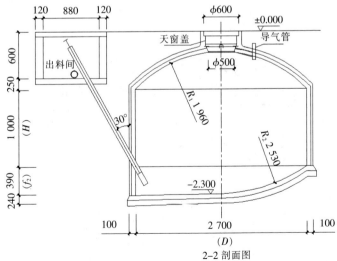

2-2 剖面图

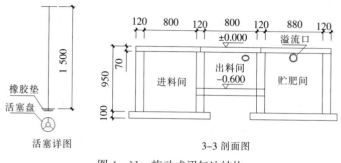

图 4-11　旋动式沼气池结构

（2）发酵间和贮气室　是沼气池的主体部分，其几何形状为圆筒形，发酵原料在这里发酵，产生的沼气溢出水面进入上部的削球形贮气室贮存。因此，要求发酵间不漏水，贮气室不漏气。

（3）水压间　主要功能是贮存沼气，维持正常气压和便于大出料，其容积由沼气池产气量来决定，一般为沼气池 24 小时所产沼气的 1/2。水压间的下端通过出料通道与发酵间相连通，发酵完成的沼肥由此通道排向出料间。

（4）活动盖　设置于贮气室顶部，起着封闭活动盖口的作用。活动盖口是沼气池施工时通风采光和维修时进出及排除残存有害气体的通道。

（5）导气管　固定在沼气池拱顶最高处或活动盖上的一根内径 1.2 厘米、长 30～35 厘米的镀锌钢管、铜管、铝管或 ABS 工程塑料管、PVC 硬塑管等，下端与贮气室相通，上端连接输气管道，将沼气输送至农户厨房，用于炊事和照明。

（6）旋流布料墙　在螺旋面池底上用圆弧形旋流布料墙将进、出料隔断，使入池原料必须沿圆周旋转一圈后，才能从出料通道排出，从而增加了料液在池内的流程和滞留时间，解决了传统沼气池存在的微生物贫乏区、发酵盲区和料液"短路"等技术问题。空隙率较高的旋流布料墙表面成为微生物附着、生长、繁殖的载体，通过微生物的富集增殖，在其表面形成厌氧生物膜，从而固定和保留了高活性的微生物，减少了微生物的流失。旋流布料墙顶部和各层面的破壳齿在沼气池产气、用气时，使可能形成的结壳自动破除、浸润，充分发酵产气，从而实现了自动破壳。

（7）贮肥间和盖板　在水压间旁边设置贮肥间，通过溢流管与水压间连通，起限定最高气压和贮存沼气发酵残余物的作用，以合理解决用气和用肥的矛盾。为了使用安全和环境美观，在进出料间上部、蓄水圈上部应设置盖板。

（8）活塞与抽渣管　在沼气池出料区设置抽渣管，池底沉渣通过活塞在抽渣管中上下运动，从发酵间底部抽出，既可直接取走，作为肥料施入农田，又可通过进料管，进入发酵间，达到人工强制回流搅拌和清渣出料的目的，从而实现轻松管理和永续利用的目标。

（9）酸化间　将秸秆等纤维性原料在敞口酸化间里完成水解和酸化两个阶段，酸化液通过单向阀和进料管自动进入发酵间发酵产气，剩余的以木质素为主体的残渣在酸化间内彻底分解后直接取出，从而解决了纤维性原料入池发酵出料困难的技术难题。

（10）加热板　通过设置在水压间和酸化间上的太阳能吸热和增温装置对发酵料液自动增温，并通过单向阀和进料管，将加热后的料液自动循环进入发酵间。从而提高了发酵原料的温度，促进了产气率的提高。

2. 结构尺寸优化

（1）发酵间结构尺寸　通过池体结构力学分析，旋动式沼气池采用池盖矢跨比 f_1/D 为 1/5、池底矢跨比 f_2/D 为 1/7、旋流布料墙半径 r 为 5D/8 的优化结构，保证池体危险断面处于受压状态，具有良好的力学性能。据此计算出户用旋动式沼气池的几何尺寸（表4-6）。

表 4 - 6　户用旋动式沼气池几何尺寸

（单位：毫米）

主池容积	6 米³	8 米³	10 米³	12 米³	15 米³	20 米³
主池直径（D）	2 400	2 700	3 000	3 200	3 400	3 600
池墙高度（H）	1 000	1 000	1 000	1 000	1 044	1 321
池盖矢高（f_1）	480	540	600	640	680	720
池底矢高（f_2）	343	388	429	457	486	514
池盖半径（ρ_1）	1 740	1 958	2 175	2 320	2 465	2 610
池底半径（ρ_2）	2 277	2 543	2 838	3 010	3 216	3 409
旋流布料墙半径（r）	1 500	1 688	1 875	2 000	2 125	2 250

（2）水压间结构尺寸　户用旋动式沼气池水压间的容积由贮气量决定，而贮气量由发酵装置的容积产气率决定，对于单级沼气池而言，贮气量一般为沼气池 24 小时所产沼气的 1/2，即：

$$V_s = \frac{1}{2}QV \qquad (4-14)$$

式中：V_s——沼气池贮气量（米³）；

　　　Q——沼气池容积产气率［米³/（米³·天）］，低常温 （15℃±2.5℃）发酵区平均为 0.2 米³/（米³·天）； 中常温（20℃±2.5℃）发酵区平均为 0.3 米³/ （米³·天）；高常温（25℃±2.5℃）发酵区平均为 0.4 米³/（米³·天）；

　　　V——沼气池容积（米³）。

为了使旋动式沼气池最大设计压力不超过 9 807 帕，以水压间底为零压面，到溢流管下口的垂直高度设计为 800 毫米。于是根据不同发酵温度的沼气池水压间容积，即可计算其几何尺寸 （表 4 - 7）。

表4-7 户用旋动式沼气池水压间几何尺寸

（单位：毫米）

发酵温区	水压间尺寸	沼气池容积					
		6 米³	8 米³	10 米³	12 米³	15 米³	20 米³
低常温发酵区 （15℃±2.5℃）	水压间长度 L_1	750	1 000	1 136	1 500	1 563	1 786
	水压间宽度 B	1 000	1 000	1 000	1 000	1 200	1 400
	贮肥间长度 L_2	600	800	1 000	1 200	1 500	2 000
中常温发酵区 （20℃±2.5℃）	水压间长度 L_1	1 125	1 500	1 875	2 250	2 344	2 679
	水压间宽度 B	1 000	1 000	1 000	1 000	1 200	1 400
	贮肥间长度 L_2	600	800	1 000	1 200	1 500	2 000
高常温发酵区 （25℃±2.5℃）	水压间长度 L_1	1 500	2 000	2 500	3 000	3 125	3 570
	水压间宽度 B	1 000	1 000	1 000	1 000	1 200	1 400
	贮肥间长度 L_2	600	800	1 000	1 200	1 500	2 000

（3）池体结构容积计算　池体净空容积 V 由池盖、池墙、池底三部分组成。设池盖削球体净空容积为 V_1，圆柱体池墙净空容积为 V_2，池底（近似削球体）净空容积为 V_3，则由立体几何学得到：

$$\left.\begin{array}{l} V_1 = \pi f_1 \ (3R^2 + f_1^2) \ /6 \\ V_2 = \pi R^2 H \\ V_3 = \pi f_2 \ (3R^2 + f_2^2) \ /6 \end{array}\right\} \qquad (4-15)$$

式中：f_1——池盖矢高（米）；

f_2——池底矢高（米）；

H——池墙高度（米）；

R——池体净空半径（米）。

（4）池体表面积计算　根据沼气池的内表面面积和结构厚度，可计算建造沼气池所需的材料用量。沼气池的内表面面积 F 由池盖表面积 F_1、池墙表面积 F_2、池底（近似削球面）表面积 F_3 三部分组成。由几何学得到：

$$
\left.\begin{array}{l}
F_1 = 2\pi\rho_1 f_1 = \pi\ (R^2 + f_1^2) \\
F_2 = 2\pi RH \\
F_3 = 2\pi\rho_2 f_2 = \pi\ (R^2 + f_2^2)
\end{array}\right\} \qquad (4-16)
$$

式中：f_1——池盖矢高（米）；

$\qquad f_2$——池底矢高（米）；

$\qquad H$——池墙高度（米）；

$\qquad R$——池体净空半径（米）；

$\qquad \rho_1$——池盖曲率半径（米），$\rho_1 = (R^2 + f_1^2)\ /2f_1$；

$\qquad \rho_2$——池底曲率半径（米），$\rho_2 = (R^2 + f_2^2)\ /2f_2$。

（二）曲流布料沼气池

1. 结构特点

曲流布料沼气池（图 4-12）属于底层出料的水压式沼气池，根据功能特点，分为 A、B、C 系列池型。图 4-13 为曲流

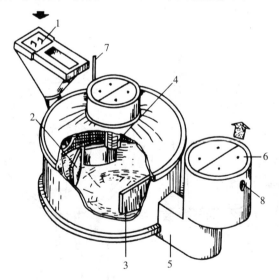

图 4-12　曲流布料沼气池

1. 进料口　2. 布料板　3. 塞流固菌板　4. 破壳输气吊笼

5. 出料管　6. 水压间　7. 导气管　8. 溢流口

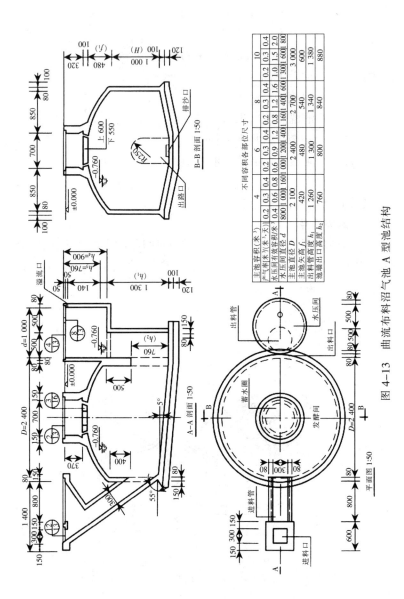

不同容积各部位尺寸

主池容积(米³)	4				6				8				10			
产气率(米³/米³·天)	0.2	0.3	0.4	0.4	0.2	0.3	0.4	0.4	0.2	0.3	0.4	0.4	0.2	0.3	0.4	0.4
水压间有效容积(米³)	0.4	0.6	0.8	0.8	0.6	0.9	1.2	1.2	0.8	1.2	1.6	1.6	1.0	1.5	2.0	2.0
主池直径 d	800	1 000	1 160	1 160	800	1 000	1 200	1 200	800	1 000	1 160	1 160	800	1 000	1 300	1 300	800
主池直径 D	2 100				2 400				2 700				3 000			
主池矢高 f	420				480				540				600			
出料管高度 h_1	1 260				1 300				1 340				1 380			
池墙出口高度 h_2	760				800				840				880			

图 4-13 曲流布料沼气池 A 型池结构

布料沼气池 A 型池，池底部最低点在出料间底部，在 5°倾斜扇形池底的作用下，形成一定的流动推力，利用流动推力形成扇形布料，实现主发酵池进出料自流，大换料时，不必打开活动盖，全部料液由出料间取出，管理简单方便，适合一般农户应用。

条件好的养殖专业户、烤酒户或有环保要求的用户，可选用 B 型池（图 4-14）或 C 型池（图 4-15）。C 型池由原料预处理池、进料口、进料管、布料板、塞流固菌板、多功能活动盖、破壳输气吊笼、出料口、出料管、水压间、强回流装置、导气管、溢流口等部分组成。该池型在发酵间内设置了布料板，使原料进入池内时，由布料板进行布料，形成多路曲流，增加新料扩散面，充分发挥池容负载能力，提高池容产气率。扩大池墙出口，并在内部设塞流固菌板。池拱中央多功能活动盖下部设中心破壳输气吊笼，输送沼气入气箱，并利用内部气压、气流产生搅拌作用，缓解上部料液结壳。从水压间底部至原料预处理池上部，安装强制回流装置，可把水压间底部料液回流至预处理池，产生循环搅拌和菌种回流。

2. 工艺特点

发酵原料为人粪尿、畜禽粪便（秸秆类原料进预处理池）；采用连续发酵工艺，维持比较稳定的发酵条件，使微生物区系稳定，保持逐步完善的原料消化速度，提高原料利用率和沼气池负荷能力，达到较高的容积产气率；工艺本身耗能少，简单方便，容易操作。

3. 工艺流程

选取（培育）菌种→备料、进料→池内堆沤（调整 pH 和浓度）→密封（启动运转）→日常管理（进出料、回流搅拌）。

（三）浮罩式沼气池

1. 构造

分离贮气浮罩沼气池由进料口、进料管、厌氧池、溢流管、出料搅拌器、污泥回流沟、排渣沟、储粪池、浮罩、水封池等部

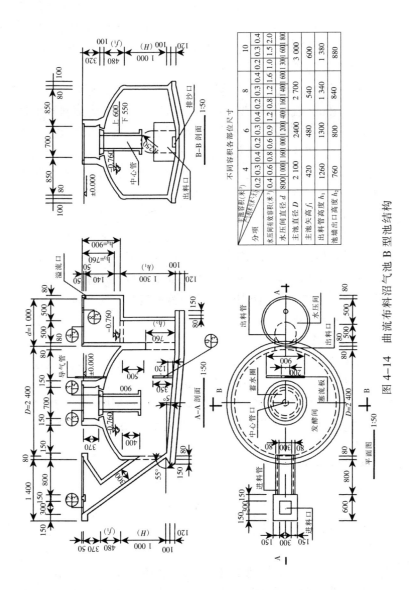

分项	不同容积各部位尺寸								
主池容积(米³)	4			6			8		10
水压间容积(米³)	0.2	0.3	0.4	0.2	0.3	0.4	0.2	0.3	0.4	0.3	0.4
水压间有效容积(米³)	0.4	0.6	0.8	0.6	0.9	1.2	0.8	1.2	1.6	1.0	1.5	2.0
主池直径 d	800	1000	1160	1000	1200	400	1600	1400	1600	1300	1600	800
主池矢高 h_1	2 100			2 400			2 700			3 000
出料管高度 h_2	420			480			540			600
出料管高度 h_2	1260			1300			1 340			1 380
池墙出口高度 h_2	760			800			840			880

图 4-14　曲流布料沼气池 B 型池结构

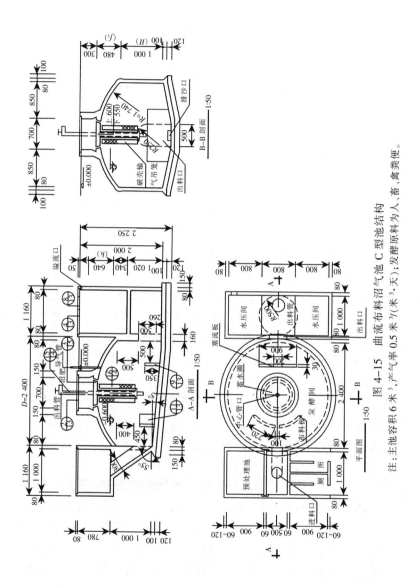

图4-15 曲流布料沼气池C型池结构

注：主池容积6米³，产气率0.5米³/(米³·天)；发酵原料为人、畜、禽粪便。

分组成，如图 4-16 所示。此处仅对沼气发酵池、进出料系统、贮气装置、污泥回流沟和储粪池作简要介绍。

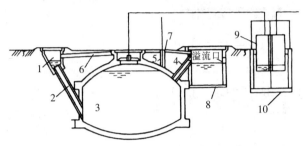

图 4-16　分离贮气浮罩沼气池系统

1. 进料口　2. 进料管　3. 厌氧池　4. 溢流管　5. 出料搅拌器
6. 污泥回流沟　7. 排渣沟　8. 贮粪池　9. 浮罩　10. 水封池

（1）**沼气发酵池**　沼气发酵池是分离贮气浮罩沼气池的主件（图 4-17），它分为两种类型，一种是在厌氧池中放入生物填料，另一种是不放生物填料。其他结构与一般水压式沼气池基本相同，不同的是进出料装置的位置有改变。厌氧池底成锅铲形（竖向剖面），坡向出料装置。为了支撑生物填料，沿池壁设 2～4 层支墩，每层均布 4 个，层间距离应高出所夹生物填料厚度 50～150 毫米，底层支墩距池底应大于 300 毫米。支墩与池身浇筑在一起，可用红砖预埋。生物填料可用竹枝（去叶）、竹球等。填料要求孔隙率大（90% 以上），不易堵塞，具有一定硬度。填料应上部密，下部疏，共设 2～3 层，每层厚 150～300 毫米。

（2）**进出料系统**　进料管采用直管斜插方式，从底部进料，管径 200～300 毫米。溢流管安装在厌氧池的顶部，采用直管斜插，插入发酵液内的深度必须大于池内最大气压时液面的下降值，其管径为 80～150 毫米。发酵液一般由溢流管自流排出，只是在厌氧池底部沉渣过多时，使用出料装置出料。出料装置采用提搅式出料器或底部闸阀，具有结构简单、出料容易，并兼有轻微搅拌的作用。出料装置安装在紧靠池壁的池底最低处，排出的

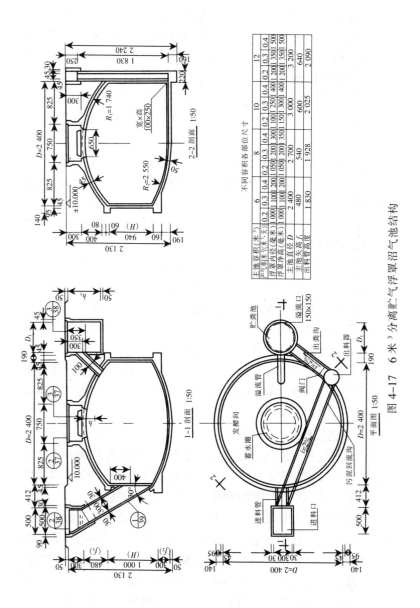

不同容积各部位尺寸

主池容积（米³）	6	8	10	12
产气率[米³/（米³·天）]	0.2	0.3	0.4	0.2	0.3	0.4	0.2	0.3	0.4	0.2	0.3	0.4
浮罩内径（毫米）	1 000	1 200	1 400	1 050	1 200	1 350	1 100	1 300	1 500	1 200	1 350	1 500
浮罩净高（毫米）	2 400	2 700	3 200
主池直径 D	1 830	1 928	2 025	2 090
主池矢高 f	480	540	600	640
出料管高度	2 400	2 025	2 090

图 4-17 6 米³ 分离贮气浮罩沼气池结构

料液大部分排入储粪池，少部分用作污泥回流，排入进料管。出料装置直径一般为 100～150 毫米。提搅器由一根插入池底，上面露出地面的混凝土套筒、活塞、出料活门组成，扬程 2 米以上，每分钟可出沉渣 60 千克左右。一个 8 米^3 的沼气池，只需 2～3 小时就可以把沉渣和沼液抽出来，出净率在 80% 以上。

（3）贮气装置　贮气浮罩用输气管与发酵池和燃气具连接，主要作用是贮存沼气，稳定气压，增加发酵池有效容积。水封池为贮气浮罩的水封装置。浮罩为分离式，可采用水泥沙浆、GRC 材料、红泥塑料等价格便宜、密封性能好、经久耐用的材料制作。厌氧池的沼液也可通过溢流管排入浮罩水封池（图 4 - 18），作二级沼气发酵。水封池的沼渣、沼液流入储粪池。储粪池的大小根据用户要求确定。

（4）污泥回流沟和贮粪池　污泥回流沟设置在发酵池顶部，与进料口和出料搅拌器连接。作用是把从池内底部抽出的含菌种较多的污泥，回流到进料口进入池内进行搅拌，使菌种和新鲜原料混合均匀。排渣沟设在发酵池顶部，与出料搅拌器和储粪池连接。发酵池排渣时，把渣液导向储粪池。储粪池与溢流管及排渣沟连接，主要用于贮存每天从溢流管排出的料液和从发酵池底部抽出的渣液。储粪池的容积一般在 1 米^3 左右，其结构可根据场地大小自行确定，圆形、方形均可。

2. 工艺流程

分离贮气浮罩沼气池发酵工艺是根据沼气发酵的原理，使沼气池内尽量保留较多的活性高的微生物，使之分布均匀并与发酵原料充分接触，以提高其消化能力。

发酵原料为畜禽粪便，从上流式厌氧池底部进料，经发酵产气后，沼液从上部通过溢流管溢流入储粪池。沼渣通过设置在其底部的提搅器或闸阀排入储粪池，部分回流入进料管，起到搅拌和污泥菌种回流的作用，以加快发酵原料的分解。所产沼气贮存在浮罩内，供用户使用。其发酵工艺流程如图 4 - 19 所示。

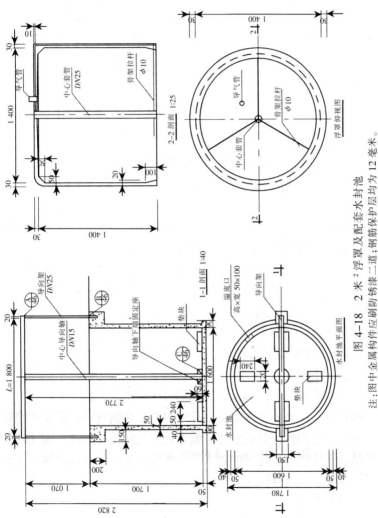

图 4-18 2 米³浮罩及配套水封池

注：图中金属构件应刷防锈漆二道；钢筋保护层均为 12 毫米。

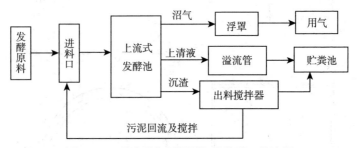

图 4-19　分离贮气浮罩沼气池发酵工艺流程

3. 工艺特点

（1）采用厌氧接触发酵工艺，发酵工艺先进，产气率高，容积产气率平均可达 $0.15\sim0.3$ 米^3／（米^3·天），可保证用户全年稳定供气。

（2）采用溢流管溢流上清液，并用出料搅拌器抽排沉渣，出料方便，不需每年大出料，运行和产气效果好。

（3）采用菌种回流技术，保证了发酵池内较高的菌种含量。

（4）采用浮罩贮气，贮气量大，发酵池有效容积高达总容积的 $95\%\sim98\%$；气压稳定，能满足电子打火沼气灶、沼气热水器等用气的压力要求；池内压力小，发酵池使用寿命长。

（四）商品化沼气池

1. 玻璃钢沼气池

（1）构造　将球体或扁球体沼气池分割成上、下半球体，用玻璃纤维布和聚酯不饱和树脂等组成的玻璃钢材料，按设计的商品化沼气池部件模具分别加工玻璃钢沼气池结构部件，通过树脂粘结和螺栓密封垫连接的方式，将部件组装在一起，即构成玻璃钢商品化沼气池（图 4-20）。

（2）特点

①玻璃钢材料强度高、性能稳定、可靠，使用寿命不低于 20 年。

②玻璃钢户用沼气池重量轻，运输方便，节省大量劳力。

图4-20　玻璃钢沼气池

③商品化程度高，工厂进行标准化生产，安装方便，建设周期短。

④密封性能好，沼气中甲烷含量高。

⑤技术含量高，管理使用方便。

2. 塑料沼气池

（1）构造　将塑料扁球形沼气池（图4-21）分割成若干个池体结构单元，用压模成型机将改性工程塑料压制成池体结构单元，通过塑料焊接技术，将池体结构单元焊接起来即构成整体塑料沼气池（图4-22）。

（2）特点

①改性工程塑料强度完全能够承受户用水压式沼气池最大气压下的运行荷载。

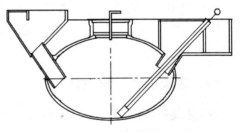

图4-21　扁球形沼气池结构

图4-22　塑料沼气池池体

②池型结构合理，埋置深度浅，发酵面积大，抽料、搅拌装置与主发酵池体合理组合，保证沼气池长期运行不会因料液沉淀产生堵塞。

③重量轻，造价低，便于运输，组合安装方便。

④进、出料口设计有利于建设"三结合"户用沼气系统，管理使用方便。

第二节　户用沼气系统保温与增温设计

温度是制约沼气发酵装置产容积气率高低的重要因素。在北方，要发展农村户用沼气，必须对沼气系统进行保温与增温优化设计。在规划和建设沼气池时，应结合改圈、改厕、改厨，对庭院设施统一规划，合理布局，形成良性生态庭院系统。

农村户用沼气池通常通过"三结合""四结合"的方式，利用庭院太阳能畜禽舍、温室型太阳能畜禽舍和简易温棚为沼气池保温和增温。

一、太阳能畜禽舍设计

用太阳能畜禽舍为户用沼气池保温和增温，按照地下建池，池上建圈，圈顶保温，人畜粪尿直接入池发酵的太阳能猪圈、沼气池、厕所"三结合"建设模式，可改变农村过去"猪踩稀泥圈，臭气满院窜，天天把猪管，年终不见钱"的农户庭院养殖状况和农户庭院"脏、乱、差"的卫生面貌，解决畜禽冬季生长和沼气池越冬问题。

（一）规模设计

太阳能猪舍规模，可通过下式计算：

$$F = k \cdot n + c \qquad n = \frac{V \cdot R \cdot V_0}{G \cdot T_s \cdot H_n} \qquad (4-17)$$

式中：F——猪舍面积（米^2）；

k——生猪重量调节系数，一般取 $0.8 \sim 1.2$，小猪取下限，大猪取上限；

c——舍温、通风调节系数；

n——养殖头数；

V——沼气池净空容积（米³）；

G——每头（只）畜禽每天的产粪量（湿重，千克）；

T_s——原料中干物质含量（%）；

H_n——原料滞留时间（天）；

R——发酵料液浓度（%）；

V_0——装料容积（%），通常为 0.90。

（二）墙体结构

太阳能猪舍北墙内侧设 0.8～1.0 米的走廊，北走廊与猪舍之间用 1 米高的铁栅栏或 24 厘米砖墙隔开。北墙为 37 厘米实心砖墙或夹心保温墙，墙高 1.8 米，在其中部 1.2 米高处设 0.3 米×0.6 米的通风窗，东、西、南三面为 24 厘米砖墙，南墙高 1 米，东、西墙上部形状和骨架形状一致（图 4-23）。

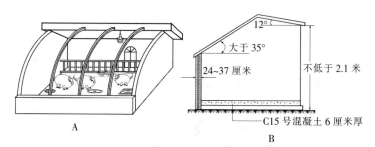

图 4-23 太阳能猪舍立体图和剖面图

A. 立体图 B. 剖面图

（三）顶面结构

太阳能猪舍舍顶后坡仰角 β 为 $10°～12°$，后坡投影宽度 2.4～2.6 米。猪舍顶部用树干、树枝、秸秆、草泥和瓦做成，其总厚度为 30～40 厘米。其最小采光屋面角 α_{min} 用下式计算：

$$\alpha_{min} \geqslant \phi - 10°34' \tag{4-18}$$

式中：ϕ 为当地地理纬度。

庭院太阳能猪舍的顶面结构见图 4-23。

(四) 地面结构

太阳能猪舍地面高出自然地面 50～100 毫米，用 150 号混凝土现浇 60 毫米，以 3% 的坡降形成北高南低的坡度。

二、温室型太阳能畜禽舍设计

(一) 平面布局

温室型太阳能畜禽舍一般布置在温室的东面或西面，通过内山墙和温室结合成一个整体，其平面布局、墙体和顶面结构剖面见图 4-24。

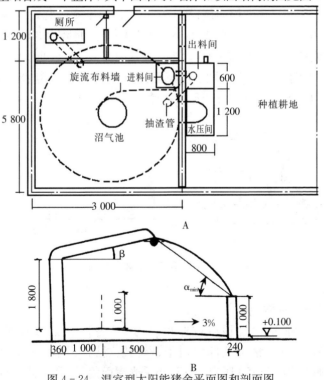

图 4-24　温室型太阳能猪舍平面图和剖面图

A. 平面图　B. 剖面图

（二）墙体结构

温室型太阳能畜禽舍后墙、山墙可因地制宜选取下列材料砌筑。

（1）**砖砌空心墙体**　内墙为 240 毫米砖砌墙，外墙为 120 毫米实心或空心砖砌墙，中间为隔热层。

（2）**石、土复合墙体**　砌筑 500 毫米厚的毛石墙，墙外培土防寒，使墙体的复合厚度比当地冻土层大 300～500 毫米，或在墙外垛草，构成石、土异质复合多功能墙体。

后墙高度≥1.8 米，不宜小于 1.6 米。

（三）顶面结构

（1）温室型太阳能畜禽舍冬至前后的合理采光时段应保持在 4 小时以上，即 10 时至 14 时有较好的光照。依据塑料膜对太阳直射光的透过特性，太阳光线入射角应控制在 40°～45°。

（2）决定畜禽舍温光性能的关键参数为屋面采光角。不同纬度地区设计屋面采光角数值见表 4-8。低纬度地区以 α_{02} 为宜；高纬度地区取值 α_{01}，也可在 α_{01} 和 α_{02} 之间选取。

（3）温室型太阳能畜禽舍后坡仰角 β 取值范围为 35°～45°，不宜小于 30°。高纬度地区取低值，低纬度地区取高值。后坡水平投影，北纬 40°及以北地区取 1.4～1.5 米；北纬 37°～39°地区取 1.2～1.3 米；北纬 36°以南地区取 1.2 米。

表 4-8　合理采光时段设计屋面采光角数值

北纬	α_{01}（$\lambda=45°$）	α_{02}（$\lambda=40°$）
32°	21.3°	28.1°
33°	22.3°	29.1°
34°	23.3°	30.1°
35°	24.3°	31.1°
36°	25.3°	32.1°
37°	26.3°	33.1°

（续）

北纬	α_{01} ($\lambda=45°$)	α_{02} ($\lambda=40°$)
38°	27.3°	34.1°
39°	28.3°	35.1°
40°	29.3°	36.1°
41°	30.3°	37.1°
41°	31.3°	38.1°
42°	32.3°	39.1°
44°	33.3°	40.1°
45°	34.3°	41.1°

注：λ 为太阳直射光对斜面 OH 的入射角。

三、温棚型太阳能畜禽舍设计

对于尚未进行"一池三改"的露地沼气池或原有的简易畜禽舍，可在露地沼气池或简易畜禽舍上加盖拱架和塑料膜，进行保温增温（图 4-25）。

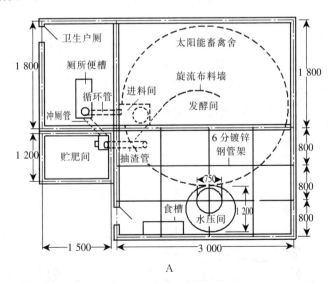

A

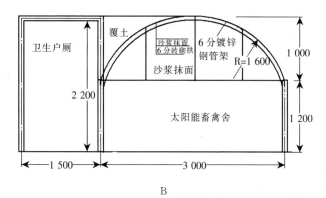

B

图 4 - 25　温棚型太阳能畜禽舍平面图和剖面图

A. 平面图　B. 剖面图

第三节　户用沼气输配与使用系统设计

　　农村户用沼气输配与使用系统一般由导气管、管件（输气管、管道连接件）、开关、压力表、沼气脱水和脱硫装置、沼气灶和沼气灯等组成（图 4 - 26），其作用是将沼气池内产生的沼气畅通、安全、经济、合理地输送到每一个用具处，保证压力充足，火力旺盛，满足不同的使用要求。

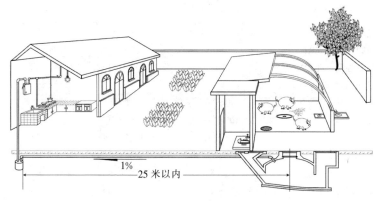

图 4 - 26　户用沼气输气系统

一、沼气输配与使用设备

（一）输气管道

1. 材质

户用沼气输气管道一般使用聚乙烯（PVC）硬塑管和聚氯乙烯（PE）硬塑管，与钢管相比，具有良好的物理机械性能（表 4 - 9）。

（1）电绝缘性好，不易受电化学腐蚀，使用寿命可达 50 年，与铸铁管寿命相近，比钢管寿命长 2～3 倍。

（2）塑料管的密度小，质量轻，只有钢管的 1/4，其运输、加工、安装均很方便。

（3）具有优良的挠曲性，抗震能力强，在紧急事故时可夹扁抢修，施工遇到障碍时可灵活调整。

（4）管道内壁光滑，抗磨性能强，沿程阻力较小，避免了燃气中杂质的沉积，提高管道的输送能力。

（5）施工工艺简便，不需除锈、防腐，连接方法简单可靠，管道维护简便。

表 4 - 9　塑料管在常温下的物理机械性能

性　　能	硬聚氯乙烯	聚乙烯	聚丙烯
密度（克/厘米²）	1.4～1.45	0.95	0.9～0.91
抗拉强度（兆帕）	50～56	10	29.4～38.2
抗弯强度（兆帕）	85	20～60	41～55
抗压强度（兆帕）	65	50	38～55
断裂延伸率（%）	40～80	200	200～700
拉伸弹性模量（帕）	2.3×10^5～2.7×10^5	0.13×10^5	1.4×10^5
冲击（缺口）强度	0.9～43	低密度不变	2.6～11.7
热膨胀系数（1/℃）	7×10^{-5}	18×10^{-5}	10×10^{-5}
软化点（℃）	75～80	60	120
焊接温度（℃）	170～180	120～130	240～280
燃烧性	自行灭火	缓燃	极易燃烧

2. 管径

沼气输气管道的管径大小应根据气压、距离、耗气量等情况而定。农村户用沼气输配系统室内、外管一般选用内径 16 毫米的 PE 管。

（二）管道配件

管道配件包括导气管、管件（三通、四通、异径接头）、开关等。

1. 导气管

指安装在沼气池顶部或活动盖上面的那根出气短管。对其要求是耐腐蚀，具有一定的机械强度，内径要足够，一般应不小于 12 毫米。常用材质为镀锌钢管、ABS 工程塑料、PVC 等（图 4 - 27）。

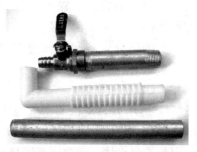

图 4 - 27　农村户用沼气池常用导气管

2. 管件

管件包括三通、四通、异径接头，一般用硬塑制品。管件内径要求不小于 12 毫米。硬塑管接头采用承插式胶粘连接，其内径与管径相同。变径接头要求与连接部位的管道口径一致，以减小间隙，防止漏气。要求所有接头管内畅通，无毛刺，具有一定的机械强度。

3. 开关

是控制沼气的关键附件。应耐磨、耐腐蚀、光滑，并有一定的机械强度。其质量要求是：a. 气密性好；b. 通道孔径必须足够，应不小于 6 毫米；c. 转动灵活，光洁度好，安装方便；d. 两端接头要能适应多种管径的连接。农村户用沼气池常用铜开关、铝开关，铜开关质量好，经久耐用，应首选使用。

（三）压力表

压力表是观察产气量、用气量及测量池压的简单仪表，也是检查沼气池和输气系统是否漏气的工具。农村户用沼气输气系统常用低压盒式压力表和"U"形压力表。

1. 低压盒式压力表

采用防酸碱、防腐蚀材料加工成型，直径为 60 毫米，重量 32 克，检测范围 0～10 千帕（图 4-28）。具有体积小、重量轻、耐腐蚀、压力指示准确、直观、运输携带及安装方便等特点。用于沼气灶等低压燃气炉具的压力监测和沼气池密封测试等。

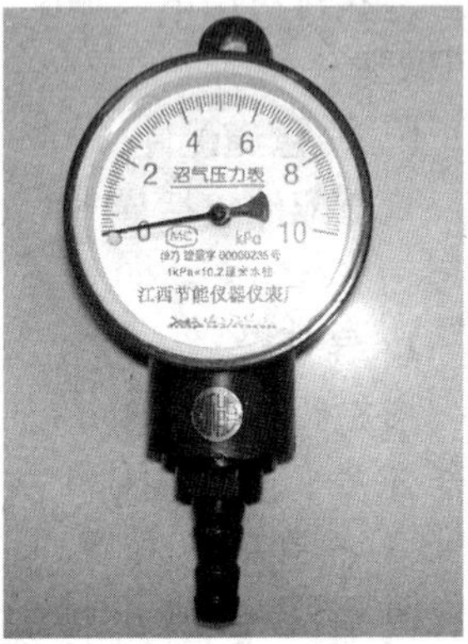

2. "U"形压力表

"U"形压力表是检测沼气池压力的常用仪器，有玻璃直管形和玻璃或透明软塑管"U"形两种，内装带色水柱，读数直观明显，测量迅速准确。

图 4-28　低压盒式压力表

这种压力表的制作方法为：在一块长 1.2 米、宽 0.2 米左右的木板（或三合板、纤维板等）上用市售的沼气压力表纸；再用软橡皮套管将两根长约 1 米的玻璃管连接成"U"形（或直接用透明塑料管弯成"U"形），管内注入用水稀释的红墨水（水与红墨水体积比为 1∶1），以指示沼气压力；"U"形管的一端接气源，另一端接安全瓶（图 4-29）。当沼气压力超过规定的限度时，便将"U"形管内的红水冲入安全瓶内，多余的沼气就通过瓶内的长管排出；当压力降低时，红水又回到"U"形管内。这种压力计

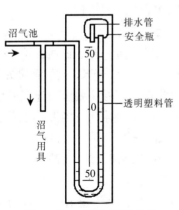

图 4-29　"U"形压力表

不仅能显示沼气池的气压，而且能起到安全水封的作用，避免了因沼气池内压力骤增而胀裂池体，也可防止压力过大时把液柱冲出玻璃管而跑气。

（四）集水器

沼气中含有一定量的饱和水蒸气，池温越高，水蒸气越多。这些水蒸气在输气管道中遇冷后变成水，积聚在管道中，堵塞输气管道，使沼气输送受阻。用气时，水柱压力表经常发生波动，沼气炉、沼气灯燃烧不稳定，火焰忽大忽小、忽明忽暗。在寒冷地区，常因积水结冰，沼气输送不畅，严重影响用气。集水器又称为气水分离器，是用来清除输气管道内积水的装置，分手动排水集水器和自动排水集水器两类（图4-30、图4-31）。

1. 手动排水集水器

取一个磨口玻璃瓶和一个合适的胶皮塞，在塞上打两个孔，孔内插入两根内径为6～8毫米的玻璃弯管，用胶塞塞紧玻璃瓶。两弯管水平端分别与输气管连接，当冷凝水高度接近弯管下口时，揭开瓶塞，将水倒出。

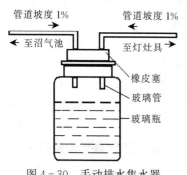

图4-30 手动排水集水器

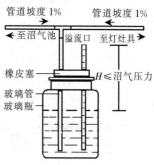

图4-31 自动排水集水器

2. 自动排水集水器

自动排水集水器是指积水不需人工操作能自动排出的集水器。这种集水器不需监视积水水位和揭瓶塞倒水、扭开关放水。

装好后，便可自动排积水。自动集水器的制作方法：在一个瓶塞上插两根玻璃管，下端插入水瓶中，其中一根管上端接上三通，其两水平端接入输气管道，另一根直管上端与大气相通，作为溢流水孔，该溢流水孔应低于三通管，否则在产气量较低时，冷凝水也会堵塞管道。

（五）脱硫器

沼气中的硫化氢气体对高档沼气灯灶具的电子点火装置具有很强的腐蚀性，因此，完善的沼气输配系统应采用脱硫器（图4-32）脱除硫化氢的危害。

图4-32　户用干式脱硫器

户用沼气池脱硫一般采用干式脱硫和湿式脱硫两种方法。干式脱硫法属氧化铁脱硫法，当含有硫化氢的沼气通过脱硫剂时，沼气中的硫化氢与活性氧化铁接触，生成硫化铁和亚硫化铁，从而脱除沼气中的硫化氢。湿式脱硫法属化学吸收脱硫法，当含有硫化氢的沼气通过脱硫液时，沼气中的硫化氢与脱硫液发生化学反应，生成硫化物，从而脱除沼气中的硫化氢。

脱硫器中的脱硫剂硫容量一般为30%，超过容量的脱硫剂就达到了饱和状态，这时固体脱硫剂要倒出在空气中自行氧化，最好阴干，待黑色变成橙色、黄色或褐色即可，然后再装入脱硫瓶中。在安装脱硫器时，一定要保证不漏气。液体脱硫剂达到饱和后，也要与空气中的氧进行还原反应，然后再装入脱硫瓶中，同时可补充新的脱硫剂。

（六）家用沼气灶

1. 家用沼气灶构造

我国目前常用的沼气灶具种类有：不锈钢脉冲及压电点火双眼灶（图4-33）和单眼灶，该灶由燃烧系统、供气系统、辅助系统及点火系统四部分组成。

图 4 - 33　压电点火沼气双眼灶

在灶具的 4 个组成部分中,燃烧器是最重要的部件,一般采用大气式燃烧器。燃烧器的头部一般均为圆形火盖式。火孔形式有圆形、梯形、方形、缝隙形(图 4 - 34)。

供气系统包括沼气阀和输气管,沼气阀主要用于控制沼气通路的开与闭,应经久耐用,密封性能可靠。

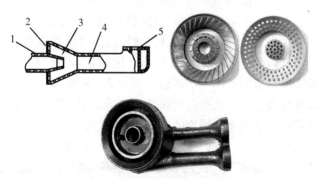

图 4 - 34　多孔大气式燃烧器
1. 喷嘴　2. 调风板　3. 一次空气入口　4. 引射器喉部　5. 火孔

辅助系统是指灶具的整体框架、灶面、锅支架等。简易锅支架一般采用 3 个支爪,可以 120° 上下翻动。较高级的双眼灶上都配有整体支架,一面放平底锅,一面放尖底锅。

点火系统多配在高档灶具上。常用的点火器有压电陶瓷火花点火器（图 4-35）和电脉冲火花点火器。

图 4-35　压电陶瓷火花点火器

2. 家用沼气灶燃烧方式

（1）扩散式燃烧及燃烧器　人工沼气在燃烧前不预先混合空气，而是在喷出燃烧器后，依靠扩散作用从周围大气中获得氧气。即沼气与空气边混合边燃烧，这种燃烧方法称为扩散式燃烧。按此方法设计的燃烧器称为扩散式燃烧器。

扩散式燃烧器结构简单，使用方便，火焰稳定，但其燃烧速度较慢，火焰较长而呈黄色，无清晰的轮廓。为达到完全燃烧，需要较多的过剩空气，因此燃烧温度较低，最高不超过 900℃。扩散式燃烧器适合温度不高、但要求温度比较均匀的工业炉和民间燃具。小型扩散式燃烧器也常用作点火器。

（2）大气式燃烧及燃烧器　沼气在燃烧前预混部分空气而进行的燃烧称为大气式燃烧，按此方法设计的燃烧器称为大气式燃烧器。沼气以一定压力自喷嘴喷出，进入混合管（即引射器），由于喷嘴后形成的负压使所需的一部分空气被吸入，在混合管中混合后从燃烧器头部火孔逸出而燃烧，形成了火焰的内锥。其余的燃气依靠扩散作用和周围的二次空气混合燃烧，形成火焰的外锥。火焰呈淡蓝色，在内外焰交界处的火焰温度为最高。大气式燃烧器燃烧比较完全，使用方便，但负荷较大时结构较庞大笨重。多孔大气式燃烧器广泛用于民用燃具。

燃烧的稳定性是以有无脱火、回火和光焰现象来衡量的。正常燃烧时，燃气离开火孔速度同燃烧速度相适应，这样，在火孔上便形成了稳定的火焰。如果燃气离开火孔的速度大于燃烧速度，火焰就不能稳定在火孔出口处，而会离开火孔一定距离，并有些颤动，这种现象称为离焰。如果燃气离开火孔的速度继续增大，火焰继续上浮，最后会熄灭，这种现象称为脱火。由于沼气的火焰传播速度比其他燃气小得多，如果火孔的出流速度超过一定范围，燃烧器设计加工不合理，则易产生脱火。

相反，当燃气离开火孔的速度小于燃烧速度，火焰会缩入火孔内部，导致混合物在燃烧器内进行燃烧，从而破坏一次空气的引射和形成化学不完全燃烧，这种现象称为回火。

当燃烧时空气供给不足（如关小风门），则不会产生回火。但此时在火焰表面将形成黄色边缘，这种现象称为光焰，说明它产生化学不完全燃烧。

脱火、回火和光焰现象都是不允许的，因为它们都会引起不完全燃烧，产生一氧化碳（CO）等有毒气体。这些现象的产生是与一次空气系数、火孔出口流速、火孔直径以及制造燃烧器的材料等有关。

目前各地使用的沼气燃烧器大多属于大气式燃烧器，由于沼气的火焰传播速度较低，故容易产生离焰或脱火。一般防止脱火的方法有：a. 采用少量较大孔代替同面积的数量较多的小火孔；b. 利用稳焰器使局部气流产生旋转或降低沼气流速，以达到新的动力平衡；c. 在主火焰根部加热，起连续点火的作用；d. 采用密置火孔。

（3）**无焰式燃烧及燃烧器** 燃气和燃烧所需的全部空气预先混合，并且能在很小的过剩空气系数下达到完全燃烧，燃烧过程中火焰很短，火焰外锥几乎完全消失甚至看不见，这种燃烧器一般采用引射器吸入空气，经混合后在高温网络或上孔式火道中完全燃烧，因此具有无焰的特性。

图 4-36 多孔陶瓷板

多孔陶瓷板（图 4-36）

上进行的无焰燃烧使其表面呈现一片红色，其表面温度通常为850～900℃，甚至更高。燃烧产生的热量相当一部分以热辐射的形式散发出来。因此，又称为沼气红外线辐射板。

3. 家用沼气灶具主要特性

（1）**沼气灶的热流量**　沼气灶的热流量是指单位时间内可输出的热量，表明燃具加热能力大小，单位为"千焦/小时"，通俗地说是指灶具燃烧火力的大小。

热流量可按下式进行计算：

$$I = V_0 Q_H \qquad (4-19)$$

式中：I——沼气灶具的热流量（千焦/小时）；

　　　V_0——沼气灶具的流量（米^3/小时）；

　　　Q_H——沼气的热值（千焦/米^3）。

若热流量过大，锅来不及吸收，火跑出锅外，热损失大，热效率低，浪费沼气。此时虽可缩短炊事时间，但加热时间的减少并不显著。

若热流量过小，延长了加热时间，不能满足炊事用热要求，特别是不利于炒菜时使用。因此热流量过大、过小都不适宜。一般家用沼气灶的热流量为 24 000 千焦/小时左右。

（2）**沼气灶具的热效率**　热效率是指被加热物吸收的热量与沼气灶具所放出的热量之比，即有效利用热量占沼气放出热量的百分比。热效率通常以符号"η"来表示。

热效率可按下式进行计算：

$$\eta = \frac{被加热物吸收的热量}{灶具放出的热量} \times 100\% \qquad (4-20)$$

热效率的高低与整个沼气燃烧过程、传热过程等因素有关，是一个受多种因素影响的综合系数。

要使热效率提高，应尽可能使沼气得到完全燃烧，热量得到充分利用。GB 3603—2001 规定家用沼气灶热效率不得小于55%。

（3）沼气灶具的一次空气参数　一般家用沼气灶均属大气式燃烧器，对大气式沼气灶具而言，燃烧时所需的空气由两部分供给，一部分是从引射器进风口吸入，它在沼气燃烧之前预先与沼气混合，称为一次空气；另一部分是沼气一边燃烧，一边由火焰周围的大气供给，称为二次空气。一次空气量与理论空气量之比，称为一次空气参数，以 α 表示。即：

$$\alpha = \frac{一次空气量}{理论空气量} \qquad (4-21)$$

一次空气系数是衡量沼气灶具燃烧性能好坏的一个重要指标。一次空气系数 α 是根据燃烧方式来决定的。一般大气式沼气灶具，α 值取 0.85～0.90。

（4）家用沼气灶的技术性能　家用沼气灶的主要技术性能参数的国家标准如表 4-10 所示。

表 4-10　家用沼气灶具的主要技术性能

	额定压力（帕）	热流量		热效率（%）	CO（%）
		千瓦	千焦/小时		
国家标准	800	2.79	10 041.6	55	0.05
	1 600	3.26	11 715.2		

（七）家用沼气灯

沼气灯是把沼气的化学能转变为光能的一种燃烧装置。它和沼气灶具一样，是广大农村沼气用户重要的沼气用具。特别是在偏僻、边远、无电力供应的地区，用沼气来照明，其优越性尤为显著。它还可用于为大棚蔬菜提供光照、热能和二氧化碳（蔬菜光合作用合成有机化合物的碳源），有助于增产。沼气灯耗气量少，只相当于炊事沼气用气量的 1/6～1/5，每天做饭剩余的少量沼气即可用来点灯，使用方便，灵活。

1. 沼气灯的结构

沼气灯也是一种大气式燃烧器，分吊式和座式两种。吊式沼气灯如图 4－37 所示，座式两用沼气灯如图 4－38 所示。

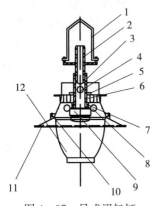

图 4－37　吊式沼气灯

1. 吊环　2. 喷嘴　3. 横担

4. 一次空气进风孔　5. 引射器

6. 螺母　7. 垫圈　8. 上罩　9. 泥头

10. 烟孔　11. 反光罩　12. 玻璃罩

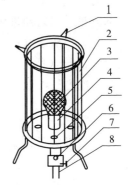

图 4－38　座式两用沼气灯

1. 支架　2. 玻璃罩　3. 纱罩

4. 泥头　5. 二次进风孔　6. 一次进风孔

7. 调节环　8. 喷嘴

沼气灯一般由喷嘴、引射器、泥头、纱罩、聚光罩、玻璃灯罩等主要部件组成（图 4－39）。

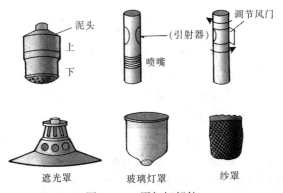

图 4－39　沼气灯部件

（1）喷嘴和引射器　喷嘴和引射器的作用与炊事燃具的喷嘴

和引射器作用相同。为简化结构，引射器做成直圆柱管，与喷嘴用螺纹直接连接。喷嘴在引射器上可转动自如。在离喷嘴不远的引射器上对开两个直径为7～9毫米的圆孔，作为一次空气进风孔。一次空气进量的多少，可通过调节喷嘴至一次空气进风口的距离来控制。喷嘴的喷孔很小，一般为1毫米左右，很容易堵塞和锈塞，沼气进入前，最好用细铜丝网或不锈钢丝网过滤，以滤去杂质。

（2）泥头　泥头是用耐火材料制成的，端部开有很多小孔，起均匀分配气流和缓冲压力作用，上面安装着纱罩。泥头与铁芯（引射器）采用螺纹连接，以便损坏时更换。更换时将泥脚在铁芯上旋紧之后，再稍稍地往回旋一点（不能太松，以免跌落），这样使用时泥脚不会因铁芯受热膨胀而胀裂。

（3）纱罩　是用苎麻、植物纤维、人造丝按3∶5∶15的比例配线织网，然后用98.5％～99％的氧化钍（ThO）和1％～1.5％氧化铈（CeO_2）溶液浸渍而成的发光元件。

（4）聚光罩　又称为反光罩、灯盘，用来安装玻璃灯罩，并起到反光和聚光作用，一般用白搪瓷或铝板制成。灯盘上部的小孔起散热和排除废气之用。

（5）玻璃灯罩　用耐高温玻璃制成，用来防风和保护纱罩，防止飞蛾撞击。

2. 沼气灯的工作原理

沼气由输气管送至喷嘴，在一定的压力下，沼气由喷嘴喷入引射器，借助喷入时的能量，吸入所需的一次空气（从进气孔进入），沼气和空气充分混合后，从泥头喷火孔喷出燃烧，在燃烧过程中得到二次空气补充，由于纱罩在高温下收缩成白色珠状——二氧化钍在高温下发出白光，供照明之用。一盏沼气灯的照明度相当于40～60瓦白炽电灯，其耗气量只相当于炊事灶具的1/6～1/5。

3. 沼气灯的技术性能

沼气灯有高压灯和低压灯之分，其技术性能参数的国家标准如表 4 - 11 所示。

表 4 - 11　沼气灯的主要技术性能参数

	额定压力	热流量		照度	发光效率	CO
	（帕）	瓦	千焦/小时	（勒克司）	（勒克司/瓦）	（%）
	800	410	1 464.4	60	0.13	
国家标准	1 600	—	—	45	0.10	0.05
	2 400	525	1 882.8	35	0.08	

（八）沼气饭锅

沼气饭锅主要由感温器、汁受器、主燃开关、保温开关、锅盖、内锅、风罩等部件组成（图 4 - 40），其外形与城市居民使用的电饭锅相似（图 4 - 41），使用方法也基本一致，只是一个用电，一个用沼气。沼气饭锅一次可煮 2.5 千克米饭，用时 25 分钟左右，耗气 $0.13\sim0.15$ 米^3，可自动开关，非常方便。

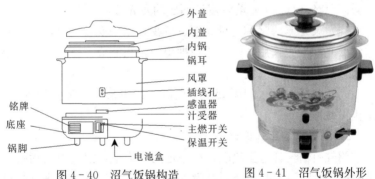

图 4 - 40　沼气饭锅构造
图 4 - 41　沼气饭锅外形

（九）沼气热水器

沼气热水器与其他燃气热水器的结构基本相同，区别只在于燃烧器部分适于沼气。热水器一般由水供应系统、燃气供应系统、热交换系统、烟气排除系统和安全控制系统五个部分组成。当前多采用后制式热水器，即其运行可以用装在冷水进口处的冷水阀进行控制，也可以用装在热水口处的热水阀进行控制。图 4 - 42

所示为我国目前生产的一般后制式快速热水器的工作原理。

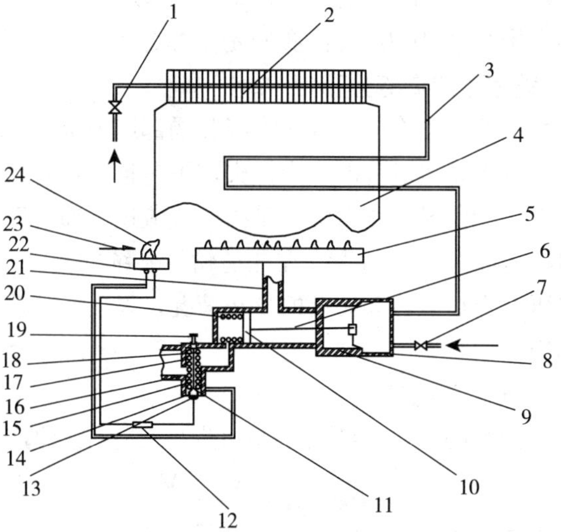

图 4-42 后制式快速热水器工作原理

1. 热水阀 2. 热交换器 3. 蛇形管 4. 热交换器壳体 5. 主燃烧器

6. 阀杆 7. 进水阀 8. 鼓膜 9. 水阀体 10. 水—气联动阀 11. 电磁阀

12. 过热保险丝 13. 磁极 14. 衔铁 15、18、20. 弹簧 16、17. 阀盖

19. 旋钮 21. 燃气管 22. 热电偶 23. 点火装置 24. 常明火

二、沼气输配系统设计

农村户用沼气池沼气输配系统设计，是在沼气池位置、气压、产气量和燃具数量、位置已经确定的条件下进行的，它的主要任务是通过计算确定输气管道的内径，进而确定管道需要量和投资。因此，正确进行沼气输配系统设计，是经济合理地建设沼气工程的一个重要内容。

（一）确定允许压力降

沼气在输送过程中，由于管道等阻力的影响造成的压力下降，称为压力降。从沼气池导气管至燃具之间所允许下降的压力，称为允许压力降。允许压力降可根据两个条件确定：a. 输送到燃具的沼气压力等于燃具的额定压力；b. 沼气池的贮气量能满足燃具要求。这时沼气池的压力与燃具的额定压力之差，即为允许压力降。

（二）确定压力降的分布

输气系统的压力降由沿程压力降和局部压力降组成。所谓沿程压力降，是指管道沿程的压力损失，不包括任何管道附件造成的压力损失。所谓局部压力降，是指沼气流过三通、四通、阀门等管道附件造成的压力损失。在知道输气系统的允许压力降后，还需确定压力降在沿程和局部的分布情况，以便于计算输气管的管径及其用量。

1. 局部压力降的确定

局部压力降可通过计算确定，也可进行测定。其计算公式为：

$$\triangle P_{局} = K \times \frac{W^2 \cdot V}{2g} \qquad (4-22)$$

式中：$\triangle P_{局}$——局部压力降（帕）；

K——局部阻力系数（可查有关资料）；

W——附件中沼气流速（米/秒）；

V——沼气容重（千克/米^3）；

g——重力加速度（9.81 米/秒^2）。

局部压力降的测定方法是：将所测附件按图 4-43 装入测试

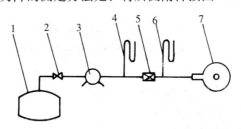

图 4-43　局部压力降的测试系统

1. 沼气池　2. 阀门　3. 流量计　4. 压力计1　5. 被测附件

6. 压力计2　7. 沼气灶

系统，两个压力计安装位置尽量靠近附件；测定时向燃烧器定量输送沼气，这时压力计 1 和压力计 2 产生压差，其差值即为该流量下附件的压力降，流量不同压力降亦不同。

2. 沿程压力降的确定

当知道各附件的局部压力降后，用输气系统的允许压力降，减去各附件的局部压力降，即得沿程压力降。用下式表示：

$$\triangle P_{沿} = \triangle P - \triangle P_{局} \qquad (4-23)$$

式中：$\triangle P_{沿}$——沿程压力降（帕）；

$\triangle P$——系统允许压力降（帕）；

$\triangle P_{局}$——各附件局部压力降之和（帕）。

3. 确定沼气的最大流量

沼气的最大流量，可用以下公式计算：

$$Q = K_0 \sum Q_a N \qquad (4-24)$$

式中：Q——每小时沼气的最大流量（米³/秒）；

K_0——燃具的同时工作系数；

Q_a——该燃具的额定沼气流量（米³/秒）；

N——该燃具的数目。

4. 确定输气管内径

输气管内径是根据最大沼气需用量、沿程压力降和输气管长度来确定的。输气管内径可由公式计算：

$$\triangle P_{沿} = 82.5\lambda \times \frac{Q^2 LS}{d^5} \qquad (4-25)$$

式中：$\triangle P_{沿}$——沿程压力降（帕）；

λ——摩擦系数；

Q——沼气流量（米³/秒）；

L——输气管长度（米）；

S——沼气比重；

d——输气管内径（厘米）。

5. 绘制输气系统施工图

所需各数据确定以后，应绘制出沼气输气系统施工简图。图中应分段注明沼气流量、管径、管长。每段的压力降可不标在图上，但应记录在案，便于验收时核对。如果验收结果与设计计算误差很大，应查找原因，重新核算。

第四节　户用沼气池出料设备选配

随着农村养殖业的发展，农村户用沼气发酵原料已由过去的以秸秆原料为主变为以人畜粪便为主，所以出料设备主要有人力活塞泵、机动潜污泵、燃油式抽渣泵和液肥抽排车等。

一、人力活塞泵

农村沼气池用肥常采用人力活塞出料器，又称为手提抽粪器。它具有不耗电，制作简单，造价低，经久耐用，不需撬开活动盖，能抽起可流动的浓粪，适应农户用肥习惯等特点。这种出料方式适宜于从事农业生产的农户小型沼气池。使用时注意当压力表水柱出现负压时应打开沼气开关与大气连通。

手提抽粪器制作简单，活塞筒常采用110毫米的PVC管制作，长度小于沼气池总深（不含池底厚）250毫米左右，筒中放入活塞，活塞由活塞片（图4-44）和手提拉杆组成。

图4-44　活塞片底盘和橡胶片

手提抽粪器的活塞筒常安放在出料间壁挨近主池的位置上，上口距地面50毫米，下口离出料间底250毫米左右。在出料间旁边靠近抽粪器处建深约500毫米、直径约500毫米的小坑，用于放粪桶。小坑与抽粪器之间用110毫米的PVC管连接。在活塞筒上近小沟处开一小口，抽粪器抽取的浓粪经小口PVC管后进入粪桶。工作简图如图4-45所示。

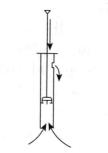

图4-45　人力活塞泵

二、机动潜污泵

泵是各种泵送流体的机械的总称，一般常用泵送物的名称来区分，如将泵送污水或污泥的称为污水泵及污泥泵。

泵按其形式和构造可以分为两大类，即容积式和叶轮式。在容积式的泵中又有活塞式、齿轮式、转动滑片式；在叶轮式中又包括了离心式和轴流式两种。在农村户用沼气工程中利用最多的污泥泵主要是叶轮式。

（一）潜污泵的构造和特点

潜污泵（图4-46）主要由泵体、叶轮和电机三部分构成，与一般卧式泵或立式污水泵相比，潜污泵明显具有以下几个方面的优点：

（1）结构紧凑、占地面积小。潜污泵由于潜入液下工作，因此可直接安装于污水池内，无需建造专门的泵房用来安装泵体及电机，可以节省大量的土地及基建费用。

图4-46　潜污泵外形

（2）安装维修方便。小型的潜污泵可以自由安装，大型的潜污泵一般都配有自动耦合装置可以进行自动安装，安装及维修相当方便。

（3）连续运转时间长。潜污泵由于泵体和电机同轴、轴短、转动部件重量轻，因此轴承上承受的载荷（径向）相对较小，寿命比一般泵要长得多。

（4）不存在汽蚀破坏及灌引水等问题，特别是不存在灌引水问题，给操作人员带来了很大的方便。

（5）振动噪声小，电机温升低，对环境无污染。

（二）潜污泵的使用与维护

（1）电源线必须与配套电控盒或匹配热继电保护器相连，不得直接与总电源相连。

（2）无论是使用自动耦合安装系统还是配用胶管，提泵链索和电缆自由垂落为10～20厘米，否则将被泵吸进切断。

（3）积水池底泥浆过稠或硬石过多时，应将泵上提至该物体30厘米以上。

（4）排水管应按说明选用，不得变径缩小。

（5）双台泵并接时，不得将闸阀及止回阀安置在主管处，以致泥沙反冲至备用泵上端造成不能双启，如可能应在主管处设干井，安装止回阀及闸阀。

（6）接通电源后，启动开关如正常运行，可将泵缓缓送入水池，若反转应立即将三相电源中的任意两相倒换。

（7）运行中发现泵震动、水量减少、喷射无力时，应立即检查泵是否反转并调整。

（8）定期检查潜污泵泵体、阀门填料或油封密封情况，并根据需要添加或更换填料、润滑油、润滑脂。

（9）应及时清除泵叶轮堵塞物。

三、燃油式抽渣泵

燃油（汽油、柴油）式抽渣泵用于农村沼气池的出料、换料，也可用于农村农田灌溉和污水排放（图4-47）。

（一）主要性能特点

（1）投渣方式 采用自吸式的方式抽取沼气池沼渣和沼液。使用时泵与动力均在池外，只要将进料管放入沼气池中即可将沼气池中的沼渣和沼液抽出来。

（2）启动方式 采用手拉启动和电启动双启动模式。在南方温度较高地区可采用手拉启动，在北方温度

图 4-47 燃油式沼气池抽渣泵

低不易启动时，可采用电启动方式；在操作人员不太熟悉或力量不够而启动不了时使用电启动，使用方便、快捷。

（3）启动时间 启动时间短，仅为 1 秒，启动率高（达 100%）。

（4）移动方式 该产品底座安装移动轮，方便运输和移动。

（5）抽渣效率 抽排时间短，采用较大功率柴油机，采用 $\phi 75$ 毫米进料管，采用 $\phi 50$ 毫米或 $\phi 65$ 毫米出料管，采用 PVC 钢丝螺旋增强软管，抽排流量大，换料时间短，效率高。

（二）主要技术指标

进水口直径	75 毫米
出水口直径	50 毫米
标定流量	25 米^3/小时
标定扬程	10 米
自吸时间	120 秒
最大吸程	7 米
临界汽蚀余量	≤3 米
燃油消耗率	≤623 克/（千瓦·时）
净重	45 千克

发动机型号　　　　　　　　TP178FA

发动机功率　　　　　　　　4.41千瓦

发动机转速　　　　　　　　3 600转/分钟

包装尺寸（长×宽×高）　　575毫米×455毫米×570毫米

四、沼肥抽排车

（一）沼肥抽排车的构造

沼肥抽排车的车体是由柴油机、偏盘式方向机、后桥、变速箱、轮胎和电启动六部分组成的（图4-48、图4-49）。抽排车真空泵主要由泵体、转子和轴组件前后泵盖、旋片、滑环、轴承盖及密封装置等零件组成，并且转子回旋中心偏心于泵体中心，

图4-48　旋片式真空泵沼肥抽排车

图4-49　三柱活塞真空泵沼肥抽排车

泵体拆卸修理方便。

在抽运渣液时，车体通过发动机驱动真空泵，将罐体内部形成真空，利用罐体内外压力差将沼液和沼渣等吸入罐内，然后真空泵向罐体内加压，再利用压力差将罐体内液体物质排入指定容器或地点。

（二）旋片式真空泵的工作原理

当真空泵偏心转子旋转时，旋片在离心力的作用下紧贴着泵的内壁滑动，吸气工作室的容积逐渐增大，被抽气体吸入其中，直到吸气结束，吸入气体被隔离。转子继续旋转，被隔离气体逐渐被压缩，压力增大，当压力超过排气口的压力时，则气体被排出泵外。抽排车真空泵这样反复循环，将容器中的空气抽去形成真空。

旋片式真空泵主要由定子、转子、旋片、定盖、弹簧等零件组成（图4-50）。两个旋片把转子、定子内腔和定盖所围成的月牙形空间分隔成A、B、C三个部分，当转子按图示方向旋转时，与吸气口相通的空间A的容积不断地增大，A空间的压强不断降低，当A空间内的压强低于被抽容器内的压强，根据气体压强平衡的原理，被抽的气体不断地被抽进吸气腔A，此时正处于吸气过程。B腔的空间的容积正逐渐减小，压力不断地增大，此时正处于压缩过程。而与排气口相通的空间C的容积进一步减小，C空间的压强进一步升高，当气体的压强大于排气压强时，被压缩的气体推开排气阀，被抽的气体不断地穿过油箱内的油层而排至大气中。在泵的连续运转过程中，不断地进行吸气、压

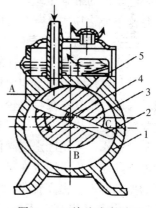

图4-50　旋片式真空泵
1. 泵体　2. 旋片　3. 转子
4. 旋片弹簧　5. 排气阀

缩、排气过程，从而达到连续抽气的目的。排气阀浸在油里以防止大气流入泵中，油通过泵体上的间隙、油孔及排气阀进入泵腔，使泵腔内所有运动的表面被油覆盖，形成了吸气腔与排气腔的密封，同时油还充满了一切不利空间，以消除它们对极限真空的影响。

双级旋片式真空泵（图4-51）由两个工作室组成，两室前后串联，同向等速旋转。Ⅰ室是低真空级，Ⅱ室是高真空级，被抽气体由进气口进入Ⅱ室，当进入的气体压力较高时，气体经Ⅱ室压缩，压强急速增大，被压缩的气体不仅从高级排气阀排出，而且经过中壁通道，进入Ⅰ室，在Ⅰ室被压缩，

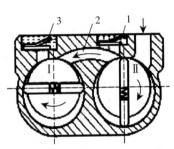

图4-51 双级旋片式真空泵
1. 高级排气阀 2. 通道
3. 低级排气阀

从低级排气阀排出；当进入Ⅱ室的气体压力较低时，虽经Ⅱ室的压缩，也推不开高级排气阀排出，气体全部经中壁通道进入Ⅰ室，经Ⅰ室的继续压缩，由低级排气阀排出，因此双级旋片式真空泵比单级旋片式真空泵的极限真空高。

（三）活塞式真空泵的工作原理

活塞式真空泵又称为往复式真空泵，属于低真空获得设备之一。它与水环式真空泵相比较，具有真空度高、消耗功率低等优点；与旋片式真空泵相比较，它能被制成大抽速的泵。这种泵的主要缺点是结构复杂。近年来，在改进往复式真空泵结构方面做了不少工作，采用固定气阀代替移动气阀，简化了结构，改善了性能。除此之外，国内在对降低往复式真空泵的功率消耗、减少泵的振动噪声、提高转速、缩小体积等方面都做了不少工作。随着科学技术的发展，无油式往复式真空泵也正在成熟并走上市场。

往复式真空泵从结构形式上可分立式和卧式两种，从级数上

可分单级泵、双级泵和四级泵，从抽气方式上可分为单作用和双作用，从润滑方式上可分有油的和无油的。一般单级泵可获得极限压力为 1 330～2 660 帕，双级泵极限压力为 4～7 帕，三级泵极限压力为 0.1～2.6 帕。往复式真空泵的用途广泛。

往复式真空泵的主要部件为汽缸及在其中做往复直线运动的活塞，活塞的驱动是用曲柄连杆机构（包括十字头）来完成的。除上述主要部件外还有排气阀和吸气阀等重要部件，以及机座、曲轴箱、动密封和静密封等辅助件（图 4 - 52）。

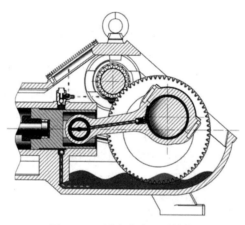

图 4 - 52　活塞式真空泵结构

运转时，在电动机的驱动下，通过曲柄连杆机构的作用，汽缸内的活塞做往复运动。当活塞在汽缸内从左端向右端运动时，由于汽缸的左腔体积不断增大，汽缸内气体的密度减小，而形成抽气过程，此时被抽容器中的气体经过吸气阀进入泵体左腔。当活塞达到最右位置时，汽缸左腔内就完全充满了气体。接着活塞从右端向左端运动，此时吸气阀关闭。汽缸内的气体随着活塞从右向左运动而逐渐被压缩，当汽缸内气体的压力达到或稍大于 101 325 帕时，排气阀被打开，将气体排到大气中，完成一个工作循环。当活塞再自左向右运动时，又重复前一循环，如此反复下去，被抽容器内最终达到真空状态下的某一稳定的平衡压力。

（四）沼肥抽排车的使用与维护

1. 沼肥抽排车的使用

（1）使用前准备　检查各处紧固情况，特别注意制动、车轮及牵引装置等连接件，检查制动是否可靠，管路有没有漏气现象，检查轮胎是否符合要求，检查转向指示灯、尾灯及刹车灯工作是否正常。

（2）吸污作业　将四通阀转换手柄杆置于吸入位置；启动拖拉机，结合动力输出轴，检查真空泵运转有无异常。从渣液箱上卸下吸污胶管，放入沼气池内，并使吸污管尽量少打弯。将拖拉机油门置于大油门位置，开始吸污作业，当沼渣达到规定液位时，立即将吸污管从沼气池中抽出，同时分离拖拉机转动轴，使真空泵停止工作，并将四通阀手柄置于排气位置，最后收起吸污胶管。

（3）排污作业　将机器停到预定排污位置，打开排污阀，依靠渣液自身的流动性进行排放。排污结束后，清理干净排污口，关闭排污阀，最后将四通阀手柄置于吸入位置。

2. 沼肥抽排车的保养

（1）日常保养

①动力传动轴的保养：传动轴每工作 40 小时，要加注一次润滑油，并检查工作过程中有无异常，如有异常应立即排除。

②液位观察装置的保养：拧下设在有机玻璃管两端的塑料螺母，取出有机玻璃管，清洗干净后重新安装并保证紧固密封。每次卸下玻璃管时要检查其下端的弯头是否被污染和堵塞，若堵塞应立即清理。

③水气分离器的保养：水气分离器是当渣液箱装满时，为防止污水进入真空泵而自动工作的装置，吸入含油量较多的污泥易对部件起侵蚀作用，应定期更换。另外，作业时容易积存污水，结束后要排水和清理污球。

④油气分离器的保养：分离出的机油可重新作为真空泵的润滑油使用，但分离出的水会贮存在箱底，所以作业后必须排水，否则会吸入泵内引起烧结等故障。若机油使用时间过长，会降低润滑性和气密性。因此应定期清扫内部，更换机油，每月1次。

（2）拆装步骤

①放完油箱中所有的油。

②松开进气嘴法兰螺钉，拔出进气嘴，松开气镇阀法兰螺钉，拔出气镇阀。

③在确保油箱中空的情况下进行油箱拆卸。

④拆除止回阀开销，拆下止回阀叶轮。

⑤拆除支座与泵的连接螺钉，拆下泵部装件，电机拆除与否视方便而定。

⑥松开泵盖螺钉，拆下泵盖，拉出转子及旋片。拆下低级转子时，应先拆下开口销。

（3）装配步骤

①用纱布擦净零件，防止堵塞油孔，最好用清洗液和刷子清洗。

②把旋片装放转子槽内后，把高级转子装放定子即泵体内，装上高级泵盖、销、螺钉、键、联轴节，用手旋转，应无泄阻和明显轻重，装时应使定子顶面朝下，以借助重力使转子贴近定子圆弧面，此间隙最好为0.01毫米。

③低级转子装配方法同上。

④装上止回阀，应使止回阀头平面对准进油嘴油孔，调整阀头平面最大开启高度为0.8～12毫米，具体可通过移动止回阀座、橡胶止回阀头在阀杆孔中的位置来实现。

⑤装上泵部的排气阀、挡油板等零件。

⑥把泵部、键、联轴节、电机装在支座上。

⑦装油箱。

⑧插入进气嘴、气镇阀，装上法兰螺钉回紧。

3. 沼肥抽排车真空泵的维护

（1）泵头漏水是因为胶件没有压好，应重新装配或压紧。

（2）泵漏油因油位太高，应降低油位；或因胶件失效，应更换胶件；或因装配有问题，应调整装配。

（3）机械密封泄漏因摩擦损坏，应更换机械密封；或因没有轴封水，应增加轴封水。

（4）填料寿命短因填料材质不好，应更换好的填料。

（5）轴承发热因未开启冷却水，应开启冷却水；或因润滑不好，应按说明书调整油量；或因润滑油不清洁，应清洗轴承，换油；或因推力轴承方向不对，应针对进口压力情况，将推力轴承调方向；或因轴承有问题，应更换轴承。

（6）泵震动因泵发生汽蚀，应调小出水阀门，降低安装高度，减少进口阻力；或因叶轮单叶道堵塞，应清理叶轮；或因泵轴与电机轴不同心，应重新找正；或因紧固件或地基松动，应拧紧螺栓，加固地基。

（7）泵内部声音反常泵不出水，因吸入管阻力过大，应清理吸入管路及闸阀；或因吸上高度过高，应降低吸上高度；或因发生汽蚀，应调节出水阀门使之在规定范围内运行；或因吸入口有空气进入，应堵塞漏气处；或因所抽送液体温度过高，应降低液体温度。

（8）泵的电机超负荷，因泵扬程大于工况需要扬程，运行工况点向大流量偏移，应关小出水阀门，切割叶轮或降低转速；或因运用电机时没有考虑浆体比重，应重新选配电机；或因填料压得过紧，应调整填料压盖螺母。

（9）流量不足因叶轮或进、出水管路阻塞，应清洗叶轮或管路；或因叶轮磨损严重，应更换叶轮；或因转速低于规定值，应调整转速；或因泵的安装不合理或进水管路接头漏气，应重新安装或减少阻力；或因输送高度过高，管内阻力损失过大，应降低输送高度或减小阻力；或因进水阀开得过小或有障碍，应开大阀门；或因填料口漏气，应压紧填料；或因泵的选型不合理，应重新选型。

（10）泵不转因涡壳内被固硬沉积物淤塞，应清除淤塞物；或因泵出口阀门关闭不严。

（11）泵腔漏入浆液沉淀，应检修或更换出口阀门，清除沉积物。

（12）泵不出水，压力表显示因出水管路阻力太大，应检查调整出水管路；或因叶轮堵塞，应清理叶轮；或因转速不够，应提高泵转速。

（13）泵不出水，真空表显示高度真空因进口阀门没有打开或已淤塞，应开启阀门或清淤；或因吸水管路阻力太大或已堵塞，应改进设计吸水管或清淤；或因吸水高度太高，应降低安装高度。

（14）泵不出水，压力表及真空表的指针剧烈跳动，因吸水管路内没有注满水，应向泵内注满水；或因吸入管路堵塞或阀门开启不足，应开启进口门，清理管路堵塞部位；或因泵的进水管路、仪表处或填料口处严重漏气，应堵塞漏气部位，检查填料是否湿润或压紧。

第五章　户用沼气系统建设

　　沼气池是制取沼气的主要装置，要想建一个结构合理、严格密闭、经久耐用的制气装置，设计是基础，材料是载体，建造是关键，质量是保证，四者缺一不可。只有了解建造沼气池的材料特性，并熟练掌握建筑施工工艺，才能达到预期目的。

第一节　户用沼气系统建造材料

　　户用沼气系统建造材料包括建池原材料、配合材料和密封材料三部分。材料选择和使用是否恰当，直接关系到建池质量、使用寿命和建池费用等。

一、沼气池建设原材料

（一）普通黏土砖

　　普通黏土砖是用黏土经过成型、干燥、焙烧而成，有红砖、青砖和灰砖之分，按生产方式又可分为机制砖和手工砖，按强度划分为 MU5.0、MU7.5、MU10、MU15、MU20 这 5 种级别。

　　修建沼气池要求用强度为 MU7.5 或 MU10 的砖，其标准尺寸为 240 毫米×115 毫米×53 毫米，容重 1 700 千克/米^3，抗压强度 75～100 千克/厘米^2，抗弯强度 18～23 千克/厘米^2。尺寸应整齐，各面应平整，无过大翘曲。建池时，应避免使用欠火砖、酥砖及螺纹砖，以免影响建池质量。

（二）水泥

水泥是一种水硬性的胶凝材料，当其与水混合后，其物理化学性质发生变化，由浆状或可塑状逐渐凝结，进而硬化为具有一定硬度和强度的整体。因此，要正确合理地使用水泥，必须掌握水泥的各种特性和硬化规律。

1. 水泥种类和特性

目前我国生产的水泥品种达 30 多种，建池用水泥为普通硅酸盐水泥、矿渣硅酸盐水泥、火山灰质硅酸盐水泥等。

（1）普通硅酸盐水泥　就是在水泥熟料中加入 15％的活性材料和 10％填充材料，并加入适量石膏细磨而成。其特性是和匀性好，快硬，早期强度高，抗冻、耐磨、抗渗性较强。缺点是耐酸、碱和硫酸盐类等化学腐蚀及耐水性较差。

（2）矿渣硅酸盐水泥　在硅酸盐水泥熟料中掺入 20％～35％的高炉矿渣，并加入少量石膏磨细而成。其特性是耐硫酸盐类腐蚀，耐水性强，耐热性好，水化热较低，蒸养强度增长较快，在潮湿环境中后期强度增长较快。缺点是早期强度较低，低温下凝结缓慢，耐冻、耐磨及和匀性差，干缩变形较大，有泌水现象。使用时应加强洒水养护，冬季施工应注意保温。

（3）火山灰质硅酸盐水泥　在水泥熟料中掺入 20％～25％的火山灰质材料和少量石膏细磨而成。其特性是耐硫酸盐类腐蚀，耐水性强，水化热较低，蒸养强度增长较快，后期强度增长快，和匀性好。缺点是早期强度较低，低温下凝结缓慢，耐冻及耐磨性差，干缩性、吸水性较大。使用时应注意加强洒水养护，冬季施工应注意保温。

2. 水泥的化学成分

生产水泥的主要原料是：石灰石、黏土、铁矿粉、石膏。经过一定的配料后，混合粉磨，采用干法或湿法在 1 400℃的高温下煅烧成熟料，而后加入适量石膏经细磨而成。其矿物成分主要有铝酸三钙（$3CaO \cdot Al_2O_3$）、硅酸三钙（$3CaO \cdot SiO_2$）、硅酸二钙（$2CaO \cdot SiO_2$）、铁铝酸四钙（$4CaO \cdot Ai_2O_3 \cdot Fe_2O_3$）4 种。

3. 水泥的质量标准

建造沼气池，一般采用普通硅酸盐水泥配制混凝土、钢筋混凝土、沙浆等，用于地上、地下和水中结构。普通硅酸盐水泥的品质指标和特性如下：

（1）比重　水泥的比重一般为 3.05～3.20，通常用 3.1。容重松散状态时为 900～1 100 千克/米³，压实状态为 1 400～1 700 千克/米³，通常采用 1 300 千克/米³。

（2）细度　水泥的细度是指水泥颗粒的粗细程度，它影响水泥的凝结速度与硬化速度。水泥颗粒越细，凝结硬化越快，早期强度越高。水泥的细度按国家标准，通过标准筛（4 900 孔/厘米²）的筛余量不得超过 15％。

（3）凝结时间　为了保证有足够的施工时间，又要施工后尽快地硬化，普通水泥应有合理的凝结时间。水泥凝结时间分为初凝和终凝。初凝是指水泥从加水拌和开始到由可塑性的水泥浆变稠并失去塑性所需的时间，终凝是指水泥从加水开始到凝结完毕所需要的时间。国家标准规定初凝不得早于 45 分钟，终凝不得迟于 12 小时。目前我国生产的水泥初凝时间是 1～3 小时，终凝时间是 5～8 小时。

（4）强度　强度是确定水泥标号的指标，也是选用水泥的主要依据。水泥强度的测定方法是用标准试块（40 毫米×40 毫米×40 毫米）在标准条件（20℃±3℃、湿度＞90％）下 28 天的极限抗压强度。一般水泥强度的发展，3 天和 7 天发展很快，28 天的强度接近最大值。常用的 3 种水泥强度增长和时间的关系见表 5-1，供使用者参考。

（5）安定性　安定性是指水泥在硬化过程中体积变化均匀和不产生龟裂的性质。安定性不良的水泥会在后期使已硬化的水泥产生裂缝或完全破坏，影响工程质量。体积安定性不良的水泥主要是含有过多的游离氧化钙、氧化镁或石膏。

表 5-1 水泥强度增长与时间的关系

水泥品种	水泥标号	抗压强度（兆帕）			抗拉强度（兆帕）		
		3 天	7 天	28 天	3 天	7 天	28 天
普通硅酸盐水泥	225		12.75	22.06			
	275		15.69	26.97			
	325	11.77	18.63	31.87	2.45	3.63	5.39
	425	15.69	24.52	41.68	3.33	4.51	6.28
	525	20.59	31.38	51.48	4.12	5.30	7.06
	625	26.48	40.21	61.29	4.90	6.08	7.84
矿渣硅酸盐水泥、火山灰硅酸盐水泥	225		10.79	22.06		2.45	4.41
	275		12.75	26.97		2.75	4.90
	325		14.71	31.87		3.24	5.39
	425		20.59	41.68		4.12	6.28
	525		28.44	51.48		4.90	7.06

（6）水泥的硬化 水泥加水变成水泥浆后，便发生化学反应和物理作用，并逐渐变硬变成水泥石，这就是水泥的硬化。水泥的硬化可以延续几个月，甚至几年。水泥在凝固和硬化过程中，要放出一定的热量，潮湿环境对水泥的硬化是有利的，水泥在水中的硬化强度比在空气中的硬化强度要大。因此，在工程上常利用这一性质进行养护，比如加盖稻草垫喷水养护。

（7）需水量 水泥水化时所需水量一般为 24%～30%，为了满足施工需要，通常用水量一般超出水泥水化需水量的 2～3 倍。但必须严格控制水灰比。尤其不能随意加水，过多加水会引起胶凝物质流失，水分蒸发后，在水泥硬化后的块体中会形成空隙，使其强度大为降低。在空气中，水分从水泥块中蒸发出来，引起水泥块收缩变形，并出现纤维状裂缝，使其强度进一步降低。

（8）水泥的贮存 水泥在贮存中，能与周围空气中的水蒸气和二氧化碳作用，使颗粒表面逐渐水化和碳酸化。因此，在运输时应注意防水、防潮，并贮存在干燥、通风的库房中，不能直接接触地面堆放，应在地面上铺放木板和防潮物，堆码高度以10袋为宜。水泥的强度随贮存时间的增长而逐渐下降，一般正常贮存3个月，约下降20％，6个月下降30％，1年下降40％。建池时，必须购买新鲜水泥，随购随用，不能用结块水泥。

（三）石子

石子是配制混凝土的粗骨料，有碎石、卵石之分。碎石是由天然岩石或卵石经破碎、筛分而得的粒径大于5毫米的岩石颗粒，具有不规则的形状，以接近立方体者为好，颗粒有棱角，表面粗糙，与水泥胶结力强，但空隙率较大，所需填充空隙的水泥砂浆较多。碎石的容重为1 400～1 500千克/米³。建小型沼气池采用细石子，沼气池池壁厚度为40～50毫米，石子最大粒径不得超过壁厚的1/2。碎石要洗干净，不得混入灰土和其他杂质。风化的碎石不宜使用。

卵石又称为砾石，是岩石经过自然风化所形成的散粒状材料。由于产地不同，有山卵石、河卵石与海卵石之分。按其颗粒大小分为特细石子（5～10毫米）、细石子（10～20毫米）、中等石子（20～40毫米）、粗石子（40～80毫米）四级。建小型沼气池宜选用细石子。卵石的容重取决于岩石的种类，坚硬岩石的石子容重为1 400～1 600千克/米³，中等坚硬岩石的石子容重为1 000～1 400千克/米³，轻质岩石的石子容重低于1 000千克/米³。修建沼气池的卵石要干净，含泥量不大于2％，不含柴草等有机物质和塑料等杂物。

（四）沙子

沙子是天然岩石经自然风化而逐渐崩裂形成的，粒径在5毫米以下的岩石颗粒称为天然沙。按其来源不同，天然沙分为河沙、海沙、山沙等；按颗粒大小分为粗沙（平均粒径在0.5毫米以上）、中沙（平均粒径为0.35～0.5毫米）、细沙（平均粒径为0.25～0.35毫米）和特细沙（平均粒径在0.25毫米以下）4种。

沙子是沙浆中的骨料，混凝土中的细骨料。沙子颗粒愈细，填充沙粒间空隙和包裹沙粒表面以薄膜的水泥浆愈多，需用越多的水泥。配制混凝土的沙子，一般采用中沙或粗沙比较适合。特细沙亦可使用，但水泥用量要增加 10% 左右。天然沙具有较好的天然连续级配，其容重一般为 1 500～1 600 千克/米^3，空隙率一般为 37%～41%。

建造沼气池宜选用中沙，因为中沙颗粒级配好。级配好就是有大有小，大小颗粒搭配得好，咬接得牢，空隙小，既节省水泥，强度又高。沼气池是地下构筑物，要求防水防渗，对沙子的质量要求是质地坚硬、洁净，泥土含量不超过 3%，云母允许含量在 0.5% 以下，不含柴草等有机物质和塑料等杂物。

（五）钢筋

一般 50 米^3 以下的农村户用沼气池可不配置钢筋，但在地基承载力差或土质松紧不匀的地方建池需要配置一定数量的钢筋，同时天窗口顶盖、水压间盖板也需要部分钢筋。

常用的钢筋，按化学成分划分有碳素钢和普通低合金钢两类。按强度可划分为Ⅰ～Ⅴ级，建池中常用Ⅰ级钢筋。Ⅰ级钢筋又称为 3 号钢，直径为 4～40 毫米。其受拉、受压强度约为 240 兆帕。混凝土中使用的钢筋应清除油污、铁锈并矫直后使用。钢筋的弯、折和末端的弯钩应按净空直径不小于钢筋直径 2.5 倍做 180°的圆弧弯曲。

（六）水

拌制混凝土、沙浆以及养护用的水，要用干净、清洁的中性水，不能用酸性或碱性水。

二、建池混凝土

建造沼气池的混凝土是以水泥为胶凝材料，石子为粗骨料，沙子为细骨料，和水按适当比例配合、拌制成混合物，经一定的时间硬化而成的人造石材。在混凝土中，沙、石起骨架作用，称为骨料，水泥与水形成水泥浆，包在骨料表面并填充其空隙。硬化前，水泥浆起润滑作用，使混合物具有一定的流动性，便于施工，水泥沙浆硬化后，将骨料胶结成一个结实的整体。

混凝土具有较高的抗压能力，但抗拉能力很弱。因此通常在混凝土构件的受拉断面设置钢筋，以承受拉力。凡没有加钢筋的混凝土称为素混凝土，加有钢筋的混凝土称为钢筋混凝土。混凝土除具有抗压强度高、耐久性良好的特点外，其耐磨、耐热、耐侵蚀的性能都比较好，加之新拌和的混凝土具有可塑性，能够随模板制成所需要的各种复杂的形状和断面，所以农村沼气池和沼气工程大都采用混凝土现浇施工或砖混组合施工。

（一）混凝土的组成与分类

1. 混凝土的组成

（1）水泥　混凝土强度的产生主要是水泥硬化的结果。水泥标号由要求的混凝土标号来选择，一般应为混凝土标号的2～3倍，修建沼气池一般选用425号普通硅酸盐水泥。

（2）骨料　石子的最大颗粒尺寸不得超过结构截面最小尺寸的1/4，有钢筋时最大粒径不得大于钢筋间最小净距离的3/4。对于厚度为10厘米和小于10厘米的混凝土板、沼气池盖，可允许采用一部分最大粒径达1/2板厚的骨料，但数量不得超过25％。沙子用于填充石子之间的空隙，一般宜选用粗沙。粗沙总面积小，拌制混凝土比用细沙节省水泥。混凝土沙石之间的空隙是由水泥填充的，为了达到节约水泥和提高强度的目的，应尽量减少沙石之间的空隙，这就需要良好的沙石级配。在拌制混凝土时，沙石中应含有较多的粗沙，并以适当的中沙和细沙填充其中的空隙。优良的沙石级配不仅水泥用量少，而且可以提高混凝土的密实性和强度。

（3）水　拌制混凝土、沙浆以及养护用水要用饮用的水。不能用含有有机酸和无机酸的地下水和其他废水，因为各种酸类对混凝土都有不同程度的腐蚀作用。

（4）外加剂　混凝土的外加剂也称为外掺剂或附加剂，它是指除组成混凝土的各种原材料之外，另外加入的材料。目前在混凝土中使用的外加剂有减水剂、早强剂、防水剂、密实剂等。

①减水剂。减水剂是一种有机化合物外加剂，又称为水泥分散剂，过去也称为塑化剂。它能明显减少混凝土拌合水，这对降低混凝土水灰比、提高强度和耐久性有很大好处。在混凝土中使用减水剂后，一般可以取得以下效果：

a. 在水泥用量不变、坍落度基本一致的情况下，可以减少拌合水 10%～15%，提高混凝土强度 15%～20%；b. 保持用水量不变的情况下，坍落度可以增大 100～200 毫米；c. 保持混凝土强度不变的情况下，一般可节约水泥 10%～15%；d. 混凝土抗渗能力大大改善，透水性降低 40%～80%。

常用的减水剂为木质素磺酸钙，也称为木钙粉。单独使用时适宜掺入量为水泥用量的 0.25% 左右。这种减水剂价格低廉，还可以和早强剂、加气剂等复合使用，效果很好。

②早强剂。用以加速混凝土的硬化过程，提高混凝土早期强度的外加剂称为早强剂。常用的早强剂有减水早强复合剂、氯化钙、氯化钠、盐酸、漂白粉等。在素混凝土和沙浆中常用的早强剂是氯化钙和氯化钠。氯化钙的掺用量一般为水泥重量的 1%～2%。掺入量过多，混凝土早、后期强度和抗蚀性都有所降低。在 0℃ 下掺入氯化钙，必须同氯化钠同时使用。氯化钠的掺入量一般为水泥重量的 2%～3%。使用时，氯化钙和氯化钠都须先配成溶液，然后同水混合后倒入混凝土拌和料中。

③防水剂。常用的防水剂为三氯化铁，其掺入量为水泥重量的 1%，可以增加混凝土的密实性，提高抗渗性，对水泥具有一定的促凝作用，且可提高强度。

④密实剂。常用的密实剂为三乙醇胺，它是一种有机化学物，吸水、无臭、不燃烧、不腐化、呈碱性，能吸收空气中的二氧化碳，对钠、镁、镍不腐蚀，对铜、铝及合金腐蚀较快。单

独使用三乙醇胺效果不明显，加食盐、亚硝酸钠后效果显著。三乙醇胺的掺入量为水泥重量的 0.05%，掺入后，可在混凝土内形成胶状悬浮颗粒，以堵塞混凝土内毛细管通路，提高密实性。

2. 混凝土的分类

混凝土的品种很多，它们的性能和用途也各不相同，因此，分类方法也很多，通常按质量密度分为特重混凝土、重混凝土、轻混凝土、特轻混凝土等。

（1）特重混凝土　质量密度＞2 500 千克/米^3，是用特别密实和重的骨料制成，主要用于原子能工程的屏蔽结构，具有防 X 射线和 Y 射线的性能。

（2）重混凝土　质量密度 1 900～2 500 千克/米^3，是用天然沙石作骨料制成的。主要用于各种承重结构。重混凝土也称为普通混凝土。

（3）轻混凝土　质量密度＜1 900 千克/米^3，其中包括质量密度为 800～1 900 千克/米^3 的轻骨料混凝土（采用火山淹浮石、多孔凝灰岩、黏土陶粒等轻骨料）和质量密度为 500 千克/米^3 以上的多孔混凝土（如泡沫混凝土、加气混凝土等）。主要用于承重和承重隔热结构。

（4）特轻混凝土　质量密度在 500 千克/米^3 以下，包括多孔混凝土和用特轻骨料（如膨胀珍珠岩、膨胀蛭石、泡沫塑料等）制成的轻骨料混凝土，主要用作保温隔热材料。

（二）影响混凝土性能的主要因素

1. 强度

混凝土的强度主要包括抗压、抗拉、抗剪等强度。一般情况下，大都采用混凝土的抗压强度评定混凝土的质量。抗压强度是指试块在标准条件下，养护 28 天后，进行抗压试验，将试块压至破坏时所承受的压强。试块抗压强度按下式计算：

$$C = P/A \times 10^4 \text{（帕）} \tag{5-1}$$

式中：C——试块抗压强度（帕）；

　　　p——试块破坏时的最大负荷（牛顿）；

　　　A——试块受压面积（厘米²）。

混凝土抗压强度以强度等级表示，常用的强度等级有 C7.5、C10、C15、C20、C25、C30、C35、C40、C45、C50、C55、C60 等。基础、地坪常用 C7.5、C10 号混凝土，梁、板、柱和沼气池用 C15 号以上混凝土。混凝土标号与抗压强度关系见表 5-2。

表 5-2　混凝土标号与抗压强度关系

混凝土标号	C7.5	C10	C15	C20	C25	C30	C40	C50	C60
抗压强度（兆帕）	7.35	9.81	14.71	19.61	24.52	29.42	39.23	49.03	58.84

混凝土的抗压强度与水泥标号、水灰比、密实程度、养护时间、养护温湿度等均有很大关系。

（1）与水泥标号、水灰比的关系　水泥标号和水灰比是影响混凝土强度的主要因素，当其他条件相同时，水泥标号愈高，则混凝土强度愈高，水灰比愈大，则混凝土强度愈低。

（2）与密实程度的关系　浇注混凝土时，必须充分捣实，才能得到密实而坚硬的混凝土，同样的混凝土拌合物，用机械振捣比人工振捣的质量高。因此，有条件的地方尽量采用机械振捣。

（3）与养护时间的关系　普通混凝土在无外加剂和标准养护条件下，其强度的增长是初期快，后期缓慢。

（4）与养护温湿度的关系　水泥硬化时，在水分充足的情况下，温度愈高，混凝土强度发展愈快；当水分不足但温度高时，混凝土强度发展缓慢，甚至停止。当混凝土的养护温度降低时，强度发展变慢，到 0℃ 时，硬化不但停止，还可能因结冰膨胀等致使混凝土强度降低或破坏。

混凝土除有抗压强度外，还有抗拉、抗弯、抗剪强度。抗拉强度为抗压强度的 $1/20\sim1/5$。混凝土的强度因受材料的质量、配制比例、拌和、浇捣、养护等一系列因素影响，其实配强度应比混凝土设计标号高 10%～15%。

2. 和易性

和易性是指混凝土混合物能保持混凝土成分的均匀、不发生离析现象，便于施工操作（拌和、浇灌、捣实）的性能。和易性好的混凝土拌合物易于搅拌均匀，浇灌时不发生离析、泌水现象，捣实时有一定的流动性，易于充满模板，也易于捣实，使混凝土内部质地均匀致密，强度和耐久性得到保证。

和易性是一个综合性指标，它主要包括流动性、黏聚性和保水性三个方面。水泥品种、水泥浆数量和水灰比、粗骨料的性能、沙率和温度以及时间等因素会影响混凝土拌合物的和易性。此外，混凝土拌合物的和易性还与外加剂、搅拌时间等因素有关。在施工时通常以测定混凝土自流动性（坍落度）及直观观察来评定其黏聚性和保水性。

3. 水灰比

混凝土中用水量与用水泥量之比，称为水灰比，用 W/C 表示。水灰比的大小，直接影响混凝土的和易性、强度和密实度。在水泥用量相同的情况下，混凝土的标号随水灰比的增大而降低。水灰比越大，混凝土标号越低，密实度也降低。因为水泥水化时所需的结合水一般只占水泥重量的 25%左右，但在拌制混凝土时为了获得必要的流动性，加水量一般占水泥重量的 40%～70%。混凝土硬化后，多余的水分就残留在混凝土中形成水泡或蒸发出来形成气孔，影响混凝土的强度和密实度。因此，水灰比愈小，水泥与骨料黏结力愈大，混凝土强度愈高。但水灰比过小时，混凝土过于干硬，无法捣实成型，混凝土中将出现较多蜂窝、孔洞，强度也将降低，耐久性不好。因此，在满足施工和易性的条件下，降低水灰比，可以提高强度、密实度、抗渗性和不透气性。根据水泥、混凝土标号和骨料的不同，按经验常数，其水灰比可参考表 5-3。

表5-3 混凝土水灰比参考

混凝土标号	水泥标号	水灰比（W/C）	
		碎石	卵石
C15	325	0.62～0.65	0.59～0.63
C20	325	0.51～0.53	0.48～0.52
C30	425	0.46～0.49	0.44～0.48
C40	425	0.37～0.41	0.35～0.41

4. 水泥用量

水泥用量多少直接影响混凝土的强度及性能，水泥用量增多，混凝土标号提高。但若水泥用量过多，干缩性增大，混凝土构件易产生收缩裂缝；而水泥用量过少，则影响水泥浆与沙石的黏结，使沙石离析，混凝土不能浇捣密实，也会降低强度。

5. 沙率

沙的重量与沙石总重量之比称为沙率。在混凝土中沙子填充石子的空隙，水泥填充沙子的空隙。沙率过大时表明沙子过多，沙子的总表面积及空隙都会增大；沙率过小，又不能保证粗骨料有足够的沙浆层，会造成离析、流浆现象。因此，沙率有一个最佳值。适合的沙率，就是使水泥、沙子、石子互相填充密实。

（三）混凝土的配合比

混凝土的配合比是指混凝土中各种组成材料的数量比例，用水泥∶石∶沙∶水表示，以水泥为基数1。农村沼气池用钢模整体现浇混凝土工艺建池时，一般采用人工拌制和捣固的方法，在有振动设备的情况下，也采用机械振捣的方法；用砖混组合工艺建池时，一般采用人工拌制和捣固的方法，其混凝土设计标号为C15～C20，建池时，应根据混凝土选材要求，参考下列配料表进行配料。

（1）人工拌制和捣固的普通混凝土配合比见表5-4。

（2）机械振捣的普通混凝土配合比见表5-5和表5-6。

表5-4 人工拌制和捣固的普通混凝土参考配合比

混凝土标号	水泥标号	卵石粒径（厘米）	水灰比	沙率（%）	材料用量（千克/米³）				配合比（重量比）
					水泥	中沙	卵石	水	水泥：中沙：卵石：水
C10	325	0.5~2	0.82	34	220	680	1 320	180	1：3.09：6.00：0.82
C15	325	0.5~2	0.68	35	275	678	1 260	187	1：2.46：4.59：0.68
C15	425	0.5~2	0.75	35	249	688	1 276	187	1：2.76：5.12：0.75
C15	325	0.5~4	0.68	32	250	634	1 346	170	1：2.53：5.38：0.68
C15	425	0.5~4	0.75	32	234	637	1 354	175	1：2.72：5.79：0.75
C20	325	0.5~2	0.60	32.5	308	620	1 287	185	1：2.01：4.18：0.60
C20	425	0.5~2	0.65	34	284	658	1 273	185	1：2.32：4.48：0.65
C20	325	0.5~4	0.60	31	284	604	1 342	170	1：2.13：4.73：0.60
C20	425	0.5~4	0.67	31.5	255	622	1 352	171	1：2.44：5.30：0.67

表5－5　机械振捣的中沙卵石混凝土参考配合比

混凝土标号	水泥标号	卵石粒径（厘米）	水灰比	沙率（%）	坍落度（厘米）	材料用量（千克/米³）				配合比（重量比）
						水泥	中沙	卵石	水	水泥：中沙：卵石：水
C15	325	0.5~2	0.60	27	0~1	263	548	1481	158	1：2.08：5.63：0.60
C15	425	0.5~2	0.68	29	0~1	237	595	1457	161	1：2.52：6.15：0.68
C15	325	0.5~2	0.60	29	2~4	280	575	1407	168	1：2.05：5.03：0.60
C15	425	0.5~2	0.68	31	2~4	251	622	1386	171	1：2.48：5.52：0.68
C15	325	0.5~2	0.60	31	5~7	290	606	1350	174	1：2.09：4.65：0.60
C15	425	0.5~2	0.68	33	5~7	260	654	1329	177	1：2.52：5.11：0.68
C20	325	0.5~2	0.52	26	0~1	300	518	1476	156	1：1.73：4.92：0.52
C20	425	0.5~2	0.60	27	0~1	263	548	1481	158	1：2.08：5.63：0.60
C20	325	0.5~2	0.52	28	2~4	319	545	1400	166	1：1.71：4.39：0.52
C20	425	0.5~2	0.60	29	2~4	280	575	1407	168	1：2.05：5.03：0.60
C20	325	0.5~2	0.52	30	5~7	331	575	1342	172	1：1.74：4.05：0.52
C20	425	0.5~2	0.60	31	5~7	290	606	1350	174	1：2.09：4.86：0.60

表 5-6　机械振捣的中沙碎石混凝土参考配合比

混凝土标号	水泥标号	碎石粒径（厘米）	水灰比	沙率（%）	坍落度（厘米）	材料用量（千克/米³）				配合比（重量比）水泥：中沙：碎石：水
						水泥	中沙	碎石	水	
C15	325	0.5～2	0.62	30	0～1	282	589	1 374	175	1：2.09：4.87：0.62
C15	425	0.5～2	0.70	32	0～1	254	636	1 352	178	1：2.50：5.32：0.70
C15	325	0.5～2	0.62	32	2～4	298	613	1 304	185	1：2.06：4.38：0.62
C15	425	0.5～2	0.70	34	2～4	269	661	1 282	188	1：2.46：4.77：0.70
C15	325	0.5～2	0.62	34	5～7	308	643	1 248	191	1：2.09：4.05：0.62
C15	425	0.5～2	0.70	36	5～7	277	691	1 228	194	1：2.49：4.43：0.70
C20	325	0.5～2	0.53	29	0～1	326	557	1 364	173	1：1.71：4.18：0.53
C20	425	0.5～2	0.61	30	0～1	287	587	1 371	175	1：2.05：4.78：0.61
C20	325	0.5～2	0.53	31	2～4	345	580	1 292	183	1：1.68：3.75：0.53
C20	425	0.5～2	0.61	32	2～4	303	612	1 300	185	1：2.02：4.29：0.61
C20	325	0.5～2	0.53	33	5～7	357	609	1 235	189	1：1.71：3.46：0.53
C20	425	0.5～2	0.61	34	5～7	313	641	1 245	191	1：2.05：3.98：0.61

三、建池沙浆

沙浆是由水泥、沙子加水拌和而成的胶结材料，在砌筑工程中，用来把单个的砖块、石块或砌块组合成墙体，填充砌体空隙并把砌体胶结成一个整体，使之达到一定的强度和密实度。砌筑沙浆不仅可以把墙体上部的外力均匀地传布到下层，还可以阻止块体的滑动。

（一）沙浆的种类

按沙浆组成材料不同，可分为水泥沙浆、混合沙浆和石灰沙浆；按其用途分为砌筑沙浆和抹面沙浆；按性质分为气硬性沙浆和水硬性沙浆。

1. 砌筑沙浆

砌筑沙浆用于砖石砌体，其作用是将单个砖石胶结成为整体，并填充砖石块材间的间隙，使砌体能均匀传递载荷。

（1）材料的选择

①水泥选用标号高于沙浆标号 4～5 倍的普通水泥，每立方米沙浆的水泥用量最少为 80 千克。

②沙的最大粒径应小于沙浆厚度的 1/5～1/4，砌筑体使用中沙为宜，粒径不得大于 2.5 毫米。

③应选用洗净的沙子和洁净的水拌制沙浆。人工拌和水泥沙浆时，应先将水泥和沙子干拌 3 次，然后加水拌和 3 次，至颜色均匀为止。

（2）配合比　砌筑沼气池的沙浆一般采用水泥沙浆，其组成材料的配合比见表 5-7。

表 5-7　砌筑沙浆配合比

种类	沙浆标号	配合比（重量比）	材料用量（千克/米³）	
			325 号水泥	中沙
水泥沙浆	M5.0	1：7.0	180	1 260
	M7.5	1：5.6	243	1 361
	M10.0	1：4.8	301	1 445

2. 抹面沙浆

抹面沙浆用于平整结构表面及其保护结构体，并有密封和防水、防渗作用，其配合比一般采用1:2、1:2.5和1:3，水灰比为0.5~0.55。沼气池抹面沙浆可掺用水玻璃、三氯化铁防水剂（3%）组成防水沙浆。户用沼气池抹面沙浆配合比见表5-8。

表5-8　抹面沙浆配合比

种类	配合比（体积比）	1米³沙浆材料用量		
		325号水泥（千克）	中沙（千克）	水（米³）
水泥沙浆	1:1.0	812	0.680	0.359
	1:2.0	517	0.866	0.349
	1:2.5	438	0.916	0.347
	1:3.0	379	0.953	0.345
	1:3.5	335	0.981	0.344
	1:4.0	300	1.003	0.343

（二）沙浆的性质

沙浆的性质取决于它的原料、密实程度、配合成分、硬化条件、龄期等。沙浆应具有良好的和易性，硬化后应具有一定的强度和黏结力，以及体积变化小且均匀的性质。

1. 流动性

流动性也称为稠度，是指沙浆的稀稠程度，是衡量沙浆在自重或外力作用下流动的性能。实验室中采用图5-1所示的稠度计来进行测定。实验时，以稠度计的圆锥体沉入沙浆中的深度来表示稠度值。圆锥的重量规定为300克，按规定的方法将圆锥沉入沙浆中。例如，沉入的深度为8厘米，则表示该沙浆的稠度值为8。

沙浆的流动性与沙浆的加水量、水泥用量、石灰膏用量、沙子的颗粒大小和形状、沙子的空隙率以及沙浆搅拌的时间等有关

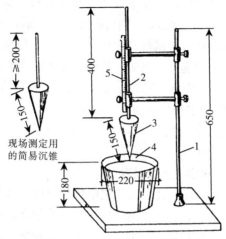

现场测定用
的简易沉锥

图 5-1 沙浆流动性测定仪
1. 台架 2. 滑杆 3. 圆锥体 4. 灰桶 5. 标尺

系。对流动性的要求，可以因砌体种类、施工时大气温度和湿度等的不同而异。当砖浇水适当而气候干热时，稠度宜采用 8～10；当气候湿冷或砖浇水过多及遇雨天时，稠度宜采用 4～5；砌筑用毛石、块石等吸水率小的材料时，稠度宜采用 5～7。

2. 保水性

保水性是衡量沙浆拌和后保持水分的能力，也指沙浆中各组成材料不易分离的性质。它是表示沙浆从搅拌机出料后，直至使用到砌体上为止的这一段时间内，沙浆中的水、水泥及骨料之间分离的快慢程度。一般来说，石灰沙浆的保水性比较好，混合沙浆次之，水泥沙浆较差。同一种沙浆，稠度大的容易离析，保水性就差。所以，在沙浆中添加微沫剂是改善保水性的有效措施。

3. 强度

强度是沙浆的主要指标，其数值与砌体的强度有直接的关系，以抗压强度衡量。沙浆强度是由沙浆试块的强度测定的，试块就是将取样的沙浆浇筑于尺寸为 7.07 厘米×7.07 厘米×7.07

厘米的立方体试模中，每组试块为 6 块，在标准条件下养护 28 天（养护温度为 20℃±3℃、相对湿度 70%）后，将试块送入压力机中试压而得到每块试块的强度，再求出 6 块试块的平均值，即为该组试块的强度值。例如，某组试块试压后得到的平均允许承受压力为 2 700 牛顿，除以承受压力的面积 7.07 厘米×7.07 厘米＝50 厘米²，求得压强为 540 牛顿/厘米²，折合为 5.4 兆帕，则该组试块的强度等级为 M5.0。常用的沙浆有 M1.0、M2.5、M5.0、M7.5、M10 号。

（三）影响沙浆性质的因素

（1）配合比　配合比是指沙浆中各种原料的组合比例，应由施工技术人员提供，具体应用时应按规定的配合比严格计量，要求每种材料均经过称量才能进入搅拌机。水的加入量主要靠稠度来控制。

（2）原材料　原材料的各种技术性能是否符合要求，要经试验室鉴定。

（3）搅拌时间　一般要求沙浆在搅拌机内的搅拌时间不得少于 2 分钟。

（4）养护时间和温度　砌到墙体内以后要经过一段时间以后才能获得强度。养护时间、温度和沙浆强度的关系见表 5-9。

（5）养护的湿度　在干燥和高温的条件下，除了应充分拌匀沙浆和将砖充分浇水湿润外，还应对砌体适时浇水养护。

表 5-9　用 325 号、425 号普通硅酸盐水泥拌制的沙浆强度增长率

龄期（天）	不同温度下的沙浆强度百分率（以在 20℃时养护 28 天的强度为 100%）							
	1℃	5℃	10℃	15℃	20℃	25℃	30℃	35℃
1	4	5	8	11	15	19	23	25
3	18	25	30	36	43	48	54	60
7	38	46	54	62	69	73	78	82
10	46	56	64	71	78	84	88	92

（续）

龄期（天）	不同温度下的沙浆强度百分率（以在20℃时养护28天的强度为100%）							
	1℃	5℃	10℃	15℃	20℃	25℃	30℃	35℃
14	50	61	71	78	85	90	94	98
21	55	67	76	85	93	98	102	104
28	59	71	81	92	100	104	—	—

四、沼气池密封涂料

沼气池结构体建成后，要在水泥沙浆基础密封的前提下，用密封涂料进行表面涂刷，封闭毛细孔，确保沼气池不漏水、不漏气。

对密封材料的要求是：密封性能好，耐腐蚀，耐磨损，黏结力强，收缩量小，便于施工，成本低。常用的沼气池密封涂料种类有：

1. 水泥掺和型

该类密封涂料是采用高分子耐腐蚀树脂材料作成膜物，以水泥作增强剂配成的混合密封涂料。用该密封涂料涂刷沼气池，使全池以硬质薄膜包被，填充了水泥疏松网孔，又利用水泥高强度性能，使薄膜得以保护。用该密封涂料制浆涂刷后，具有光亮坚硬、薄膜包被、密封性能高、黏结性强、耐腐蚀、无隔离层、使用简单、节约投资等特点。

2. 直接涂刷型

该类密封涂料无需配比，可直接用于沼气池内表面涂刷，常用材料有硅酸钠，俗称水玻璃、泡花碱，具有较好的胶结能力，比重1.38～1.40，模数2.6～2.8。纯水泥浆、硅酸钠交替涂刷3～5次即可。

3. 复合涂料

复合密封涂料具有防腐蚀、防漏、密封性能好的特点，能满足常温涂刷，24小时固化，冬夏和南北方都能保持合适的黏流态。在严格保证抹灰和涂刷质量的前提下，可减少层次，节约水泥用量。

五、透光材料

（一）塑料膜

在户用沼气系统建设项目中，塑料膜是一种比较常用的保温透光材料，如用作太阳能畜禽舍、沼气池保温室、露地沼气池覆盖透光保温材料等。

塑料膜作为农用覆盖材料多用于地膜和温室，由于其使用方便、价格便宜，因此，近年来在我国使用量较大。目前，用于制造温室覆盖材料的树脂原料达 10 余种，且因其所用助剂种类、数量、质量、厚薄、均匀程度及其制造方法等的不同，塑料覆盖材料的透光率、抗老化等性能有很大差别。

1. 聚氯乙烯（PVC）薄膜

聚氯乙烯薄膜是以聚氯乙烯树脂为原料，加入增塑剂、稳定剂、着色剂、填充剂等各种助剂，按一定比例配制而生产出的薄膜。一般厚度为 0.09～0.13 毫米，强度较大，抗张力强度达 27.5 兆帕。由于聚氯乙烯对红外线透过率较小（20％），它的保温性较好，并且耐酸、耐碱、耐盐，喷上农药和化肥也不易引起变质。但聚氯乙烯薄膜也存在一些缺点，如：由于表面增塑剂的析出，薄膜易吸灰尘，导致透光性大幅度下降；它的透气率、透湿率低，有毒气体透过少；与聚乙烯薄膜相比，其密度较大（1.4 克/厘米^3），单位重量的覆盖面积小，使得覆盖成本较高。

2. 聚乙烯薄膜

聚乙烯薄膜是以聚乙烯树脂为原料，采用吹塑法直接生产。它多呈乳白色半透明，厚度为 0.1～0.2 毫米，幅面较宽，最宽可达 17 米；质地柔软，气温影响不明显，天冷不发硬；耐酸、耐碱、耐盐；不易产生有毒气体，对作物安全；不易粘灰尘，透光性好；密度小（0.92 克/厘米^3），因而覆盖成本低。但它对红外线透过率很高（可达80％），保温性能差，并且强度较差，回弹性比好，易撕裂。

此外，据有关资料介绍，一些发达国家已推广应用某些功能性薄膜，如耐候长寿膜、无滴膜、保温膜、复合功能膜、有色膜等，它们可满足不同的使用要求。

（二）阳光板

阳光板又称为PC（聚碳酸酯）板、中空板，是一种新型的高品质透光隔热建筑材料，具有突出的物理、机械和热性能，良好的抗冲击性和隔音、采光、阻燃、防紫外线性能，其加工性好，可塑性强，广泛应用于公用、民用建筑的采光、遮雨天棚、通道顶棚、农业温室和广告行业，是目前世界上最理想的一种光棚材料，备受现代建筑装饰界广泛推崇和青睐。

1. 性能和特征

（1）透光性　无色透明阳光板的透光率高达80％，透明度不会因使用时间而降低，着色阳光板能阻挡太阳光线中最强的部分，使透过的光线柔和。

（2）抗冲击性　阳光板是热塑性塑料中最抗冲击的一种，抗冲击强度是玻璃的80倍，且在－40～120℃的温度范围内各项物理性能指标保持稳定。

（3）重量轻　阳光板的重量是同厚玻璃重量的1/12，质轻且不易碎，便于搬运、施工、钻孔，且可以直接冷弯，施工简便且加工良好。

（4）抗紫外线　阳光板表面覆有UV层，且经高科技防紫外线工艺处理，保证紫外线辐射的稳定，并可防止板材老化、褪色，使产品使用寿命达到10年以上。

（5）阻燃防火　阳光板具良好防火性，为难燃B1级，自燃温度为630℃，发生燃烧时不会助长火势蔓延，也不会产生浓烟及有毒气体，离火自熄，具良好阻燃防火性能。

（6）隔音隔热　阳光板的中空结构，其隔热性能大大优于其他实心材料，是农业温室及其他隔热装置的首选材料。阳光板还具有很好的隔音性能，是高速公路等的首选材料。

2. 运输和贮存

（1）阳光板在运输时须小心轻放，注意保持车厢内清洁，为防止对板边和保护膜的擦伤和损折，应用布条等物将四个角包好。在运输时，板材下面应垫放纸皮以防擦伤板面。

（2）板材上下覆有保护膜，在搬运和安装时应将板材含有UV保护层的一面向阳。在没有安装使用前，不要揭掉保护膜，防止刮花板材表面。

（3）阳光板必须存放在室内，避免长期存放于日光直晒及雨淋之处，室内应干燥、通风良好，清洁无尘。堆积存放的板材尽量封边，以防空气中的灰尘落进板材内部及空气中的水分在板材内形成水汽凝结，并且不能和水泥地面直接接触，以免腐蚀板材。

3. 安装方法

（1）嵌入安装法

①在安装阳光板时，板材上所覆保护膜会影响填缝料与板材的结合，所以在嵌入安装前，要求先揭掉5～10厘米宽的保护膜。

②阳光板热胀冷缩系数与支撑框架不同，应预留热胀冷缩的空间，且需要留余量以承受风压、雪压等，因此嵌入量要预留充分。一般阳光板边缘伸入固定框架25毫米以上，并至少有两条筋肋安装时固定区域；热胀冷缩空间一般每米留3毫米空隙。

（2）螺丝安装法

①用螺栓或铆钉穿孔安装时，因预防温差需预留胀缩空间，故在阳光板开孔时，孔径应比螺栓或铆钉直径大50%，以防热胀冷缩。

②所有孔隙应以矽胶填充，并以矽胶涂敷外露部分，以防止

发生延发性龟裂。

③铆钉头部应比柄部大 1~1.5 倍，并以垫片充垫其间，避免铆钉直接压迫阳光板面。

④上螺丝时不可过紧，以避免引发应力造成阳光板龟裂。

⑤长边、短边加金属压条，并预留膨胀空隙，以加强固定力量。

⑥阳光板弯曲成拱形时，弯曲方向必须与骨架方向平行，即顺着阳光板筋肋的方向弯曲，若弯曲方向错误，阳光板容易破裂。阳光板厚度不同，弯曲半径也有所不同（表 5-10）。

表 5-10　阳光板厚度与弯曲半径的关系

厚度（毫米）	长度（毫米）	宽度（毫米）	最小弯曲半径（毫米）
4	6 000	2 100	700
5	6 000	2 100	875
6	6 000	2 100	1 050
8	6 000	2 100	1 400
10	6 000	2 100	1 750

第二节　户用沼气发酵装置建造

户用沼气发酵装置建造方法有砖混结构建池、混凝土整体现浇建池、钢筋混凝土现浇建池和工厂化部件装配建造 4 种工艺。户用沼气池土建工程常用砖混结构建池法、混凝土整体现浇建池法和钢筋混凝土现浇建池法建造沼气池。

一、定位放线

在规划选定的庭院沼气设施建设区域内，清理杂物，平整好场地；根据庭院沼气系统设计规划图（图 5-2），首先在地面上划出畜禽舍和厕所的外框灰线，再在畜禽舍灰线内确定沼气池中心位置，画进料间平面、发酵池平面、水压间平面三者的外框灰线；在尺寸线外 0.8 米左右处打下 4 根定位木桩，分别钉上钉子以便牵线，两线的交点便是圆筒形发酵池的中心点。定位桩必须钉牢不动，并采取保护措施。在灰线外适当位置应牢固地打入标高基准桩，在其上确定基准点。在沼气池放线时，要结合用户庭院的整体布局和地面设施情况，确定好沼气池的中心和±0.000标高基准位置。

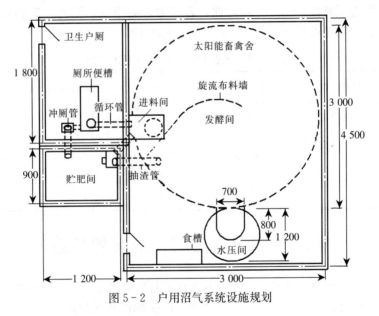

图 5-2　户用沼气系统设施规划

二、开挖池坑

根据庭院沼气设施建造现场的地质、水文情况，决定直壁开挖，还是放坡开挖池坑。可以进行直壁开挖的池坑，应尽量利用土壁作胎模。圆筒形沼气池上圈梁以上部位，可按放坡开挖池坑，上圈梁以下部位应按模具成型的要求，进行直壁开挖（图 5-3）。

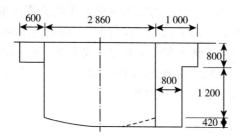

图 5 - 3 8 米³ 沼气池池坑开挖剖面

主池的放样、取土尺寸，按下列公式计算：

主池取土直径＝池身净空直径＋池墙厚度×2

主池取土深度＝蓄水圈高度＋拱顶厚度＋拱顶矢高＋

池墙高度＋池底矢高＋池底厚度

不同容积的单级旋动式沼气池结构尺寸见表 5 - 11。

表 5 - 11 单级旋动式沼气池结构尺寸

（单位：毫米）

主池容积	6 米³	8 米³	10 米³	12 米³	15 米³	20 米³
主池直径 D	2 400	2 700	3 000	3 200	3 400	3 600
池墙高度 H	1 000	1 000	1 000	1 000	1 040	1 400
池盖矢高 f_1	480	540	600	640	680	720
池底矢高 f_2	340	390	430	460	490	510
池盖半径 R_1	1 740	1 960	2 180	2 320	2 460	2 600
池底半径 R_1	2 290	2 530	2 830	3 010	3 190	3 430
旋流布料墙半径 r	1 440	1 620	1 800	1 920	2 040	2 160
酸化间长度 L_1	900	1 000	1 100	1 200	1 300	1 500
酸化间宽度 B	800	880	920	960	1 000	1 100
贮肥间长度 L_2	600	800	1 000	1 200	1 500	2 000

开挖池坑时，不要扰动原土，池壁要挖得圆整，边挖边修，可利用主池半径尺随时检查，进料管、水压间、出料口、出料器或闸阀式出料装置的闸门口、排料管应根据设计图纸几何尺寸放

样开挖，应特别注意水压间的深度应与主池的零压水位线持平。严禁将池坑挖成上凸下凹的"洼岩洞"，挖出的土应堆放在离池坑远一点的地方，禁止在池坑附近堆放重物。对土质不好的松软土、沙土，应采取加固措施，以防塌方。如遇地下水，则需采取排水措施，并尽量快挖、快建。

三、校正池坑

开挖圆筒形池，取土直径一定要等于放样尺寸，宁小勿大。在开挖池坑的过程中，要用放样尺寸校正池坑，边开挖，边校正。池坑挖好后，在池底中心直立中心杆和活动轮杆（图5-4），校正池体各部弧度，以保证池坑的垂直度、水平度、圆心度和光滑度。同时，按照设计施工图，确定上、下圈梁位置和尺寸，挖出上、下圈梁，并校正池底形状（图5-5）。

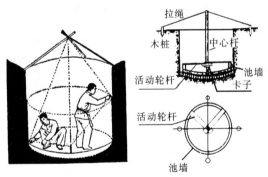

图5-4　活动轮杆法校正沼气池坑

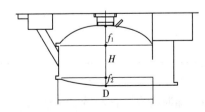

图5-5　上、下圈梁和池底的校正

四、拌制沙浆和混凝土

(一)拌制沙浆

拌制沙浆是建造沼气池的基本技能,分砌筑沙浆和抹面沙浆等多种沙浆的拌制。户用沼气池施工,一般采用人工拌制。人工拌制沙浆的要点是"三干三湿"。即水泥和沙按沙浆标号配制后,干拌 3 次,再加水湿拌 3 次。沙浆拌制好以后,应及时送到作业地点,做到随拌随用。一般应在 2 小时之内用完,气温低于 10°时可延长至 3 小时。当气温达到冬季施工条件时,应按冬季施工的有关规定执行。

(二)拌制混凝土

建造户用沼气池的混凝土一般采用人工拌和。首先,在沼气池基坑旁找一块面积 2 米^2 左右的平地,平铺上不渗水的拌制板(一般多用钢板,也可用油毛毡)。然后,将称量好的沙倒在拌制板上,将水泥倒在沙上,用铁锹反复干拌至少 3 次,直到颜色均匀为止;再将石子倒入,干拌 1 次;而后渐渐加入定量的水湿拌 3 次,拌到全部颜色一致、石子与水泥沙浆没有分离与不均匀的现象为止。

严禁直接在泥土地上拌和混凝土,混凝土从拌和好至浇筑完毕的延续时间,不宜超过 2 小时。人工配制混凝土时,要尽量多搅拌几次,使水泥、沙、石子混合均匀。同时,要控制好混凝土的配合比和水灰比,避免蜂窝、麻面出现,达到设计的强度。

五、池体施工

(一)砖混结构建池法

砖混结构建池法是砖和混凝土两种材料结合的建池工艺,池底用混凝土浇筑,池墙用 60 毫米立砖组砌,池盖用 60 毫米单砖漂拱,土壁和砖砌体之间用细石混凝土浇筑,振捣密实,使砖砌体和细石混凝土形成坚固的结构体。

1. 地基处理

在松软土质上建造沼气池，应采取地基加固处理，并在土方工程施工阶段完成。常用的处理方法如下：

（1）用沙垫层和沙石垫层加固　选用质地坚硬的中沙、粗沙、砾沙、卵石或碎石作为垫层材料。在缺少中、粗沙或砾沙的地区，也可采用细沙，但应同时掺入一定数量的卵石、碎石、石渣或煤渣等废料，经试验合格，方可作为垫层材料。选用的垫层材料中不得含有草根、垃圾等杂质。在铺垫垫层前，应先验坑（包括标高和形状尺寸），将浮土铲除，然后将沙石拌和均匀，进行铺筑捣实（图 5 - 6A）。

（2）用灰土加固　灰土中的土料，应尽量采用池坑中挖出的土，不得采用地表耕植层土，土料应过筛，其粒径不得大于 15 毫米；熟石灰应过筛，其粒径不得大于 5 毫米，熟石灰中不得夹有未熟化的生石灰块，不得含有过多的水分；灰土比宜用 2：8 或 3：7（体积比），灰土质量标准如表 5 - 12 所示；灰土的含水量以用手紧握土料能成团，两指轻捏即碎为宜（此时含水量一般为 23%～25%），含水过多、过少均难以夯实；灰土应拌和均匀，颜色一致，拌好后要及时铺设夯实；灰土施工应分层进行，如采用人工夯实，每层以虚铺 15 厘米为宜，夯至 10 厘米左右表明夯实。

表 5 - 12　灰土质量标准

土料种类	灰土最小干容重（克/厘米³）
轻亚黏土	1.55～1.60
亚黏土	1.50～1.55
黏土	1.45～1.50

（3）用灰浆碎砖三合土加固　三合土所用的碎砖，其粒径为 2～6 厘米，不得夹有杂物，沙泥或沙中不得含有草根等有机杂质；灰浆应在施工时制备，将生石灰临时加水化开，按配合比掺

入沙泥，均匀拌和即成；施工时，碎砖和灰浆应先充分拌和均匀，再铺入坑底，铺设厚度 20 厘米左右，夯打至 15 厘米；灰浆碎砖三合土铺设至设计标高后，在最后一遍夯打时，宜浇稠灰浆，待表层灰浆略为晒干后，再铺上薄层沙子或煤屑，进行最后夯实。

（4）膨胀土质处理　膨胀土是指黏粒成分主要由强亲水性矿物组成，具有较大胀缩性能的土质，它吸水膨胀，失水收缩。膨胀土地基沼气池坑开挖中，如果不采取相应的技术措施，会导致沼气池池体开裂漏水，甚至池体结构破坏。膨胀土地区进行沼气池土方工程施工，要掌握以下技术要点：

① 坚持"快挖快建、连续施工"的原则，以减小胀缩变形的可能性和速度。

② 避免雨天施工，并在开挖前作好排水工作，防止地表水、施工用水等浸入施工场地或冲刷坑壁和边坡。

③ 池坑土方开挖结束后，其坑底基土不得受烈日曝晒或雨水浸泡，必要时可预留一层不挖，待作池底底板垫层和底板结构层时挖除。

④ 对于设计中在膨胀土地基上采取沙垫层或卵石、碎石层者，应先将上述垫层材料浇水至饱和再铺填于坑底夯实，不得采用向坑底浇水使垫层沉落密实的施工方法。

⑤ 回填土应采用非膨胀性土、弱膨胀土或掺有改性材料（如石灰、沙或其他松散类材料）的膨胀土。

（5）高地下水基础工程处理　地下水位较高地区建池，应尽量选择在枯水季节施工，并采取有效措施进行排水。建池期间，发现有地下水渗出，一般采取"排、降"的方法。池体基本建成后，若有渗漏。可采用"排、引、堵"的方法，或进行综合处理。

①盲沟及集水坑排水。当池坑大开挖，池坑壁浸水时，池坑适当放大，在池墙外侧做环形盲沟，将水引向低处，用人工或机

械排出。盲沟内填碎石瓦片，防止泥土淤塞，待池墙砌筑完成后，池墙与坑壁间用黏土回填夯实，起防水层作用。

遇到池底浸水时，在池底作"十"字形盲沟，在中心点或池外排水井设集水坑。在盲沟内填碎石，使池底浸水集中排出。然后在池底铺一块塑料薄膜，在集水坑部位剪一个孔供排水。如果薄膜有接缝，则在接缝处各留约 300 毫米宽并粘合好，防止浸水从接缝处冒出，拱坏池底混凝土。铺膜后，立即在薄膜上浇筑池底混凝土，在集水坑内安装 1 个无底玻璃瓶，用以排水。待全池粉刷完毕后，用水泥沙浆封住集水坑内的无底玻璃瓶（图 5 - 6B）。

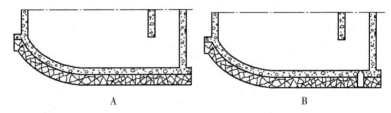

图 5 - 6　沼气池不同地基的处理

A. 松软和沙土质地基的处理　B. 浸水土质地基的处理

②深井排水。若地下水流量较大。在池坑 2 米以外设 1～3 个深井，使井底比池底低 800～1 000 毫米，由池壁盲沟或池底"十"字形盲沟将水引至深井，用人工或机械抽出深井集水，使水位降至施工操作面以下。

③沉井排水。在高地下水位地区建池，池坑开挖时，由于水位高，土壤浸水饱和，坑壁不断垮坍，如果坑中抽水，由于坑壁内外水的压差造成坑壁外的沙子连续不断地由水带入坑内，此现象称为流沙。产生上述问题后，池子无法继续施工。面对这种情况，可照沉井施工原理，进行挡土排水，防止流沙和土方倒塌，确保施工的顺利进行。

简易的沉井方法是将无底无盖的混凝土圆筒放入，随土方开挖，圆筒随之下沉，直至设计位置，最后向筒底抛以卵石，并在沉井法施工的集水井内不断抽水，同时浇灌混凝土池底，并填塞集水井，直至全部完成。

2. 现浇池底

对于土质好的黏土和黄土土质，原土夯实后，用 C15 号混凝土直接浇灌池底 60～80 毫米即可。为避免操作时对池底混凝土的质量带来影响，施工人员应站在架空铺设于池底的木板上进行操作。浇筑沼气池池底时，应从池底中心向周边轴对称地进行浇筑。要用水平仪（尺）测量找平下圈梁，用抹灰板以中心点为圆心，抹出一个半径 127 厘米的圆环形平台面，作为池墙施工的基础。

3. 池墙施工

池底混凝土初凝后，确定主池中心；以该中心为圆心，以沼气池的净空半径为半径，划出池墙净空内圆灰线（距土壁 100 毫米）；沿池墙内圆灰线，用 1：3 的水泥沙浆和 60 毫米单砖砌筑池墙（图 5－7A）；每砌一层砖，浇灌一层 C15 号细石混凝土，砌 4 层，正好是 1 米池墙高度（图 5－7B）；在池墙上端，用混凝土浇筑三角形上圈梁，上圈梁浇灌后要压实、抹平。

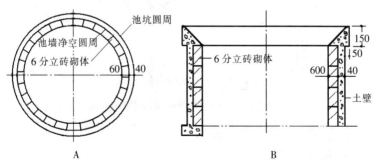

图 5－7　沼气池池墙砖混结构建池法

A. 平面施工图　B. 立面施工图

土壁和砖砌体之间约 40 毫米的缝隙应分层用细石混凝土浇

筑，每层混凝土高度为 250 毫米。浇捣要连续、均匀、对称，振捣密实。手工浇捣时必须用钢钎有次序地反复捣插，直到泛浆为止，保证混凝土密实，不发生蜂窝麻面。

4. 池顶施工

用砖混结构工艺修建户用沼气池，一般采用单砖漂拱法砌筑池顶。砌筑时，应选用规则的优质砖。砖要预先淋湿，但不能湿透。漂拱用的水泥沙浆要用黏性好的 1∶2 细沙浆。砌砖时沙浆应饱满，并用钢管靠扶或吊重物挂扶（图 5-8）等方法固定。每砌完一圈，用片石嵌紧。收口部分改用半砖或 6 分砖头砌筑，以保证圆度。为了保证池盖的几何尺寸，在砌筑时应用曲率半径绳校正。

池盖漂完后，用 1∶3 的水泥沙浆抹填补砖缝，然后用粒径 5～10 毫米的 C20 号细石混凝土现浇 30～50 毫米厚，经过充分拍打、提浆、抹平后，再用 1∶3 的水泥沙浆粉平收光，使砖砌体和细石混凝土形成整体结构体，以保证整体强度。

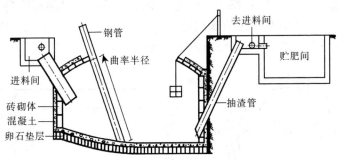

图 5-8　沼气池单砖漂拱建池法

（二）混凝土整体现浇建池法

1. 现浇池底

地基处理和池底现浇工艺和砖混结构建池法相同。

2. 组装模板

沼气池采用现浇混凝土作为池体结构材料时，大多采用钢模和玻璃钢模，也可采用木模和砖模施工。钢模和玻璃钢模强度高，刚度好，可以多次重复使用，是最理想的模具。砖模取材容易，不受条件限制，成本也低，目前农村中用得比较广泛。不论采用什么模具，都要求表面光洁，接缝严密，不漏浆；模板及支撑均有足够的强度、刚度和稳定性，以保证在浇捣混凝土时不变形，不下沉，拆模方便。

农村家用沼气池钢模规格通常为 6 米³、8 米³、10 米³ 3 种，分为池墙模、池拱模、进料管模、出料管模、水压间模和活动盖口模等，池墙模、池拱模 6 米³ 池 15 块，8 米³ 池 17 块，10 米³ 池 19 块，组装在一起成为现浇混凝土沼气池的内模，外模一般用原状土壁（图 5-9）。

A　　　　　　　　　　B

图 5-9　沼气池模板及其组装

A. 玻璃钢模　B. 钢模

在组装沼气池钢模时，要按各模板的编号顺序进行组装，并将异型模配对组装在最底部位，以便拆模。一般池底浇筑后 6 小时以上才可以支架沼气池钢模具；支模时，先支池墙模，后支池拱模，若使用无脱模块的整体钢模，应注意支模时要用木条或竹条设置拆模块；主池、进出料管等钢模要同步进行组装，支架完成后，即可浇灌；水压间、天窗口模板待施工到相应部位后再支架。

3. 浇筑池墙和池顶

沼气池池底混凝土浇筑好后，一般相隔 24 小时浇筑池墙。

浇筑沼气池池墙、池拱，无论采取钢模、玻璃钢模，还是木模，浇筑前必须检查校正，保证模板尺寸准确、安全、稳固，主池池墙模板与土坑壁的间隙均匀一致。浇筑前，在模板表面涂上石灰水、肥皂水等隔离剂，以便于脱模，减少或避免脱模时敲击模具，保证混凝土在发展强度时不受冲击。用砖模时必须使用油毡、塑料布等作隔离膜，防止砖模吸收混凝土中的水分和水泥浆及振捣时发生漏浆现象，也便于脱模。

池墙一般用 C15 号混凝土浇筑，一次浇筑成型，不留施工缝。池墙应分层浇筑，每层混凝土高度不应大于 250 毫米，浇灌时，先在主池模板周围浇捣 6 个混凝土点固定模板，然后沿池墙模板周围分层铲入混凝土，均匀铺满一层后，振捣密实，并且注意不能用铲直接倾倒，应使用沙浆桶倾倒，这样可以保证沙浆中的骨料不会在钢模上滚动而分离，才能保证建池质量。浇筑要连续、均匀、对称，用钢钎有次序地反复捣插，直到泛浆为止，保证池体混凝土密实，不发生蜂窝麻面。

池拱用 C20 号混凝土一次浇筑成型，厚度为 80 毫米以上，经过充分拍打、提浆，原浆压实、抹平、收光。浇筑池拱球壳时，应自球壳的周边向壳顶轴对称进行。

进出料管模下部先用混凝土填实，与模具接触的表面用沙浆成型，以减少漏水、漏气现象的发生。在混凝土未凝固前，要转动进出料管模，防止卡死。尽量采用有脱模块的钢模板，这样不需转模，也方便脱模。

在已硬化的混凝土表面继续浇筑混凝土前，应除掉水泥薄膜和表面的松动石子、软弱混凝土层，并加以充分湿润、冲洗干净和清除积水。水平施工缝（如池底与池墙交接处、上圈梁与池盖交接处）继续浇筑前，应先铺上一层 20～30 毫米厚与混凝土内沙浆成分相同的沙浆。

农村户用沼气池一般采用人工捣实混凝土。捣实方法是：池底和池盖的混凝土可拍打夯实，池墙则宜采用钢钎插入振捣。务必使混凝土拌合物通过振动，排挤出内部的空气和部分游离水，同时使沙浆充满石子间的空隙，使混凝土填满模板四周，以达到内部密实、表面平整的目的。

六、活动盖和活动盖口施工

活动盖和活动盖口用下口直径 400 毫米、上口直径 480 毫米、厚度 120 毫米的铁盆作内模和外模配对浇筑成型（图 5-10）。浇筑时，先用 C20 号混凝土将铁盆周围填充密实，然后，在铁盆外表面用细沙浆铺面，转动成型。活动盖直接在铁盆内浇筑成型，厚度 100~120 毫米。按照混凝土的强度要求进行养护，脱模后，直接用沼气池密封涂料涂刷 3~5 次即可。无需用水泥沙浆粉刷，以免破坏配合形状。

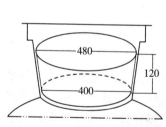

图 5-10 活动盖和活动盖口的施工

七、旋流布料墙施工

旋流布料墙是旋动式沼气池的重要装置，具有引导发酵原料旋转流动，消除原料"短路"和发酵盲区，实现自动循环、自动破壳和固菌成膜的重要功能。在做完沼气池密封层施工后，沿旋流布料墙的曲线，用 60 毫米砖墙筑砌而成。

为保证旋流布料墙的稳定性，底部 400 毫米处用 120 毫米砖砌筑，顶部用 60 毫米砖"十"字交差砌筑（图 5-11），高度砌到距池盖最高点 400 毫米，以增强各个水平面的破壳和流动搅拌作用。

旋流布料墙半径约为 6/5 池体净空半径，要严格按设计图尺寸施工，充分利用池底螺旋曲面的作用，使入池原料既能增加流程，又不致阻塞。

图 5-11　旋流布料墙施工

八、出料搅拌器施工

出料搅拌器由抽渣管和活塞构成，是户用沼气池的重要组成部分，其作用是通过活塞在抽渣管中上下运动，从发酵间底部抽取发酵料液，分别送入出料间和进料间，达到人工出料和回流搅拌的目的。

抽渣管一般选用内径 110 毫米、壁厚 3 毫米、长 2 300～2 500 毫米的 PVC 管制作，在用砖砌筑池墙时，以 30°～45°的角度斜插于池墙或池顶，安装牢固（图 5-8）；抽渣管下部距池底 200～300 毫米，上部距地面 50～100 毫米；抽渣管与池体连接处先用沙浆包裹，再用细石混凝土加固，以确保此处不漏水、不漏气；活塞由外径 100 毫米的塑料成型活塞底盘、外径 104 毫米的橡胶片和外径 10 毫米、长 1 500 毫米的钢筋提杆，通过螺栓连接而成（图 5-12）。

安装和固定抽渣管时，要综合考虑地上部分的建筑，使抽渣管上口位于畜禽圈外。固定抽渣管时，要考虑人力操作的施力角度和方位，在活塞的最大行程范围内，不能有阻碍情况发生。施工中，要认真做好抽渣管和池体部分的结合与密封，防止出现漏水。

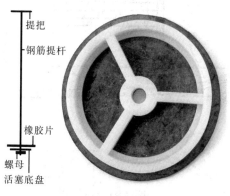

图 5 - 12　出料搅拌器活塞

九、料液自动循环装置施工

单向阀是保证发酵料液自动循环的关键装置，一般可选用外径 110 毫米商品化单向阀直接与循环管安装而成。也可以用 1～2 毫米厚的橡胶板制作，通过预埋在进料间墙上的直径 8～10 毫米螺栓固定。单向阀盖板为双层结构，里层切入预留在进料间墙上的圆孔内，尺寸与圆孔一致，外层盖在圆孔外，两层之间用胶黏合。

水压间和酸化间隔墙上的极限回流高度距零压面 500 毫米（图 5 - 13）。

十、预制盖板

为了安全和环境卫生，沼气池必须在进料间、活动盖口、水

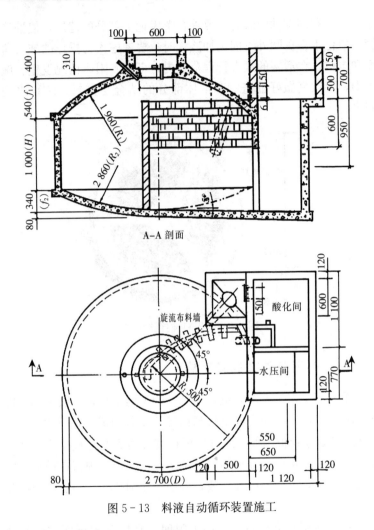

A–A 剖面

图 5 – 13 料液自动循环装置施工

压间和贮肥间加盖厚度为 5 厘米以上、C20 号钢筋混凝土盖板，盖板上要设计便于日常管理的扣手和观察口，观察口上要配套放置带有手把的小圆盖板。

盖板一般采用钢模或砖模预制，施工时在底板下面铺一层塑料薄膜（图5-14）。盖板的几何尺寸要符合设计要求。一般圆形、半圆形盖板的支承长度应不小于50毫米；盖板混凝土的最小厚度应不小于60毫米。盖板钢筋的制作应符合以下技术要求：

（1）钢筋表面洁净，使用前必须除干净油渍、铁锈。

（2）钢筋平直、无局部弯折，弯曲的钢筋要调直。

（3）钢筋的末端应设弯钩。弯钩应按净空直径不小于钢筋直径2.5倍，并作180°的圆弧弯曲。

（4）加工受力钢筋长度的允许偏差是±10毫米。

（5）板内钢筋网的全部钢筋相交点，用铁丝扎结。

（6）盖板中钢筋的混凝土保护层不小于10毫米。

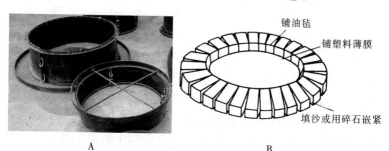

A   B

图5-14　预制钢筋混凝土盖板

A. 圆形盖板之钢模　B. 圆形盖板之砖模

盖板的混凝土强度达到70%时，应进行表面处理。活动盖上下底面及周边侧面应按沼气池内密封做法进行粉刷，进料间、活动盖口、水压间和贮肥间盖板表面用1∶2水泥沙浆粉刷5毫米厚面层，要求表面平整、光洁，有棱有角。

十一、密封层施工

沼气发酵工艺要求沼气池必须严格密封。水压式沼气池池内压强远大于池外大气压强，密封性能差的沼气池不但会漏气，而且会使水压式沼气池的水压功能丧失。因此，沼气池密封性能的好坏是人工制取沼气成败的关键。

户用沼气池一般采用砖混结构或混凝土建材修建。混凝土作为结构材料是非常理想的，有较高的强度，能耐各种内外力的冲击，能承受上下各个方向的压力。但是用它作为气体的密封材料却是不合理和不理想的，其原因是它受静态和动态两大因素的影响制约。静态因素是混凝土建材自身缺陷所致，动态因素是沼气池在运行过程中由于微生物腐蚀和应力的综合破坏造成的。

混凝土属多孔脆性材料，这是由于混凝土在固化过程中，水分子在挥发通过时留下路径，即形成混凝土中的孔隙。孔隙的大小可分为四个级别，一是凝胶孔，二是过渡孔，三是毛细孔，四是大孔。有关资料表明，凝胶孔的直径一般为 $50\sim100$ 埃，而甲烷分子的直径只有 $3.76\sim4.6$ 埃，因此渗漏是必然的。

在建池过程中，技术过硬的施工人员，通过控制水灰的比例，采用高质量的施工方法，多层次抹灰刷浆，经过薄抹重压和反复磨压等措施来减小、减少孔隙并使孔隙不在一条直线上，隔断孔隙通向池外的道路，可以起到一定的密封作用，所以新池试压时渗漏率并不很大。即便如此，虽经多层次的抹灰刷浆仍然存在着大于甲烷分子直径数倍以上的孔隙，按照目前的施工方法，渗与不渗只是相对的，只有渗漏程度大小的区别，这就是静态因素造成的混凝土建材先天性的缺陷。

动态因素主要来自两个方面：一是有机酸对池体表面的腐蚀；二是微生物对池体表面的腐蚀破坏。水泥的主要成分是三钙硅酸盐，呈碱性，将用水泥沙浆制作的样件放入 pH 为 6 的溶液中，24 小时溶液 pH 就会升到 $8\sim9$，使溶液变成碱性，把溶液 pH 再调到 6，又会升到 $8\sim9$。再分别把水泥样件放入 20% 硫酸和 10% 乙酸溶液中，立即会产生无数气泡，很短时间就会开始软化、脱落、掉渣。甚至浓度为 1% 的硫酸也会在短期内对混凝土产生一定深度的腐蚀破坏，初期出现为白色的表面沉积物，之后就会使水泥层逐渐变软脱落，其原理是酸类物质（如脂肪酸、乙酸、甲酸、乳酸、硫酸、碳酸等）能与水泥中的含钙化合物反应，使混凝土腐蚀软化。

为了确保户用沼气池的气密性要求，一般采用"二灰二浆"，在用素灰和水泥沙浆进行基层密封处理的基础上，再用密封涂料仔细涂刷全池，确保不漏水、不漏气。

（一）基层处理

（1）混凝土模板拆除后，立即用钢丝刷将表面打毛，并在抹灰前用水冲洗干净。

（2）当出现混凝土基层表面凹凸不平、蜂窝孔洞等现象时，应根据不同情况分别进行处理。

当凹凸不平处的深度大于10毫米时，先用凿子剔成斜坡，并用钢丝刷将表面刷后用水冲洗干净，抹素灰2毫米，再抹沙浆至平层（图5-15），抹后将沙浆表面横向扫成毛面。如深度较大时，待沙浆凝固后（一般间隔12小时）再抹素灰2毫米，再用沙浆抹至与混凝土平面平齐为止。

当基层表面有蜂窝孔洞时，应先用凿子将松散石除掉，将孔洞四周边缘剔成斜坡，用水冲洗干净，然后用2毫米素灰、10毫米水泥沙浆交替抹压，直至与基层平齐为止，并将最后一层沙浆表面横向扫成毛面。待沙浆凝固后，再与混凝土表面一起做好防水层（图5-16）。当蜂窝麻面不深，且石子黏结较牢固，则需用水冲洗干净，再用1∶1水泥沙浆用力压实抹平后，将沙浆表面扫毛即可（图5-17）。

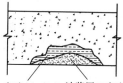

灰素层2毫米 沙浆层10毫米

图5-15 混凝土基层凹凸不平的处理

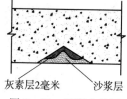

灰素层2毫米 沙浆层

图5-16 混凝土基层孔洞的处理

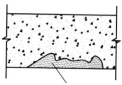

1∶1水泥沙浆填实

图5-17 混凝土基层蜂窝的处理

（3）砌块基层处理需将表面残留的灰浆等污物清除干净，并用水冲洗。

（4）在基层处理完后，应浇水充分浸润。

（二）四层抹面

户用沼气池刚性防渗层一般用四层抹面法施工，操作要求（表 5 - 13）和技术要点是：

表 5 - 13　沼气池四层抹面法施工要求

层　次	水灰比	操作要求	作　用
第一层素灰	0.4～0.5	用稠素水泥浆涂刷全池	结合层
第二层水泥沙浆 （层厚 10 毫米）	0.4～0.5 水泥∶沙 ＝1∶3	1. 在素灰初凝时进行，即当素灰干燥到用手指能按入水泥沙浆层 1/4 至 1/2 时进行，要使水泥沙浆薄薄压入素灰层约 1/4 左右，以使第一、第二层结合牢固； 2. 水泥沙浆初凝前，用木抹子将表面抹平、压实	起骨架和保护素灰作用
第三层水泥沙浆 （层厚 4～5 毫米）	0.4～0.45 水泥∶沙 ＝1∶2	操作方法同第二层。水分蒸发过程中，分次用木抹子抹压 1～2 次，以增加密实性，最后再压光	起骨架和防水作用
第四层素灰（层厚 2 毫米）	0.37～0.4	1. 分两次用铁抹子往返用力刮抹，先刮抹 1 毫米厚素灰作为结合层，使素灰填实基层孔隙，以增加防水层的黏结力，随后再刮抹 1 毫米厚的素灰，厚度要均匀，每次刮抹素灰后，都应用橡胶皮或塑料布搓磨适时收水； 2. 用湿毛刷或排笔蘸水泥浆在素灰层表面依次均匀水平涂刷 1 次，以堵塞和填平毛细孔道，增加不透水性，最后刷素灰 1～2 次，形成密封层	起防水和密封作用

（1）施工时，务必做到分层交替抹压密实，以使每层的毛细孔道大部分被切断，使残留的少量毛细孔无法形成连通的渗水孔网，保证防水层具有较高的抗渗防水功能。

（2）施工时应注意素灰层与沙浆层应在同一天内完成。即防水层的前两层基本上连续操作，后两层连续操作，切勿抹完素灰后放置时间过长或次日再抹水泥沙浆。

（3）素灰层要薄而均匀，不宜过厚，否则造成堆积，反而降低黏结强度且容易起壳。抹面后不宜干撒水泥粉，以免素灰层厚薄不均影响黏结。

（4）用木抹子来回用力揉压水泥沙浆，使其渗入素灰层。如果揉压不透，则影响两层之间的黏结。在揉压和抹平沙浆的过程中，严禁加水，否则沙浆干湿不一，容易开裂。

（5）水泥沙浆初凝前，待收水 70%（即用手指按压上去有少许水润出现而不易压成手迹）时，进行收压，收压不宜过早，但也不能迟于初凝。

（三）涂料施工

基础密封层完成后，用密封涂料涂刷池体内表面，使之形成一层连续性均匀的薄膜，从而堵塞和封闭混凝土和沙浆表层的孔隙和细小裂缝，防止漏气发生。其技术要点是：

（1）涂料选用经过省部级鉴定的密封涂料，材料性能要求具有弹塑性好，无毒性，耐酸碱，与潮湿基层黏结力强，延伸性好，耐久性好，且可涂刷。目前常用的沼气池密封涂料为陕西省秦光沼气池密封剂厂生产的 JX-Ⅱ型沼气池密封剂。该产品具有密封性高、耐腐性好、黏结力强、池壁光亮、节约水泥、减少用工、寿命延长等特点。适用于沼气池、蓄水池、水塔、卫生间、屋面裂缝修补等混凝土建筑物的防渗漏。

（2）涂料施工要求和施工注意事项应按产品使用说明书要求进行。JX-Ⅱ型沼气池密封剂的使用方法为：将半固体的密封剂整袋放入开水中加热 10～20 分钟，完全溶化后，剪开袋口，倒进一个适当的容器中加 5～6 倍水稀释；按溶液：水泥＝1：5 的比例将水泥与溶液混合，再加适量水，配成溶剂浆（灰水比例 1：0.6 左右），按要求进行全池涂刷；第一次涂刷层初凝后，用相同方法将池底和池墙部分再涂刷 1～2 次，池顶部分再涂刷 2～3 次。

（3）表面密封层施工时，密封涂料的浓度要调配合适，不能太稀，也不能太稠。若太稀，刷了不起作用；若太稠，刷不开，容易漏刷。涂刷密封涂料的间隔时间为 1～3 小时，涂刷时用力要轻，按顺序水平、垂直交替涂刷，不能乱刷，以免形成漏刷。

十二、养护与回填土

养护是混凝土工艺中的一个重要环节。混凝土浇筑后，逐渐凝固、硬化以致产生强度，这个过程主要由水泥的水化作用来实现。水化作用必须有适宜的温度和湿度。混凝土养护的目的，就是要创造各种条件，使水泥充分水化，加速混凝土硬化。

混凝土养护的方法很多，户用沼气池常用自然养护法养护。在自然气温高于 5℃ 的条件下，用草袋、麻袋、锯末等覆盖浇筑在单砖漂拱池盖上的细石混凝土，并在上面经常浇水，普通混凝土浇筑完毕后，应在 12 小时内加以覆盖和浇水，浇水次数以能够保持足够的湿润状态为宜。在一般气候条件下（气温为 15℃ 以上），在浇筑后最初 3 天，白天每隔 2 小时浇水 1 次，夜间至少浇水 2 次。在以后的养护期中，每昼夜至少浇水 4 次。在干燥的气候条件下，浇水次数应适当增加，浇水养护时间一般以达到标准强度的 60% 左右为宜。

池体混凝土达到 70% 的设计强度后进行回填土，其湿度以“手捏成团，落地开花”为最佳。回填要对称、均匀、分层夯实，并避免局部冲击荷载。

第三节　户用沼气输配系统施工

户用沼气输配和使用设施安装和配置既要美观、大方，又要保证将沼气池内产生的沼气畅通、安全、经济、合理地输送到每一个用具处，以满足不同的使用要求。

一、沼气输配系统布局

（一）厨房设施布局

（1）厨房应设置窗户，以便通风和采光，灶台、橱柜和水池要布局合理（图5-18）。

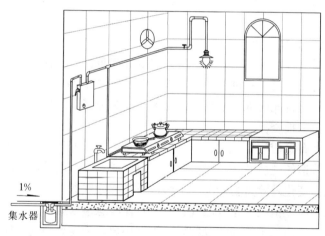

图5-18　厨房设施布局

（2）厨房内应设固定砖垒灶台或柜式灶台，台面贴瓷砖，地面用水泥、地砖材料硬化。

（3）灶台长度大于100厘米，宽度大于55厘米，高度65厘米，沼气调控净化器横向偏离灶台50厘米，距离地面150～170厘米（图5-19）。

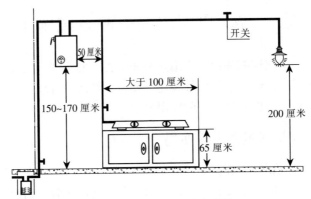

开关

50厘米

大于 100 厘米

150~170 厘米

200 厘米

65 厘米

图 5-19　沼气输配管路布局

（4）灶台上方可选择使用自排油烟抽风道、排油烟机或排烟风扇。

（二）室外沼气管道布置

沼气输配管网系统确定后，需要具体布置沼气管线。沼气管线应能安全可靠地供给各类用具以压力正常、数量足够的沼气，在布线时首先应满足使用上的要求，同时要尽量缩短线路，以节省材料和投资。

在布置沼气管线时，应考虑沼气管道的压力状况、街道地下各种管道的性质及其布置情况、街道交通量及路面结构情况、街道地形变化及障碍物情况、土壤性质及冰冻线深度，以及与管道相接的用户情况。布置沼气管线时具体注意事项如下：

（1）沼气干管的位置应靠近大型用户，为保证沼气供应的可行性，主要干线应逐步连成环状。

（2）沼气管道一般情况下为地下直埋敷设，在不影响交通情况下也可架空敷设。

（3）沼气埋地管道敷设时，应尽量避开主要交通干道，避免与铁路、河流交叉。如必须穿越河流时，可附设在已建道路桥梁上或附设在管桥上。

（4）管线应少占良田好地，尽量靠近公路敷设，并避开未来的建筑物。

（5）当沼气管道不得不穿越铁路或主要公路干道时，应敷设在地沟内。

（6）当沼气管道必须与排水管、给水管交叉时，沼气管应置于套管内。

（7）沼气管道不得敷设在建筑物下面，不准在高压电线走廊，动力和照明电缆沟道和易燃、易爆材料及腐蚀性液体堆放场所。

（8）地下沼气管道的地基宜为原土层，凡可能引起管道不均匀沉降的地段，对其地基应进行处理。

（9）沼气埋地管道与建筑物基础或相邻管道之间的最小水平净距见表 5 - 14。

（10）沼气埋地管与其他地下构筑物相交时，其垂直净距离见表 5 - 15。

表 5 - 14　沼气管与其他管道的水平净距

建筑物基础	热力管给水管排水管	电力电缆	通信电缆		铁路钢轨	电杆基础		通信照明电缆	树林中心
			直埋	在导管内		≤35kV	≥35kV		
0.7	1.0	1.0	1.0	1.0	5.0	1.0	5.0	1.0	1.2

表 5 - 15　沼气管与其他管道的垂直净距

给水管、排水管	热力沟底或顶	通信电缆		铁路轨底
		直埋	在导管内	
0.15	0.15	1.0	1.0	1.2

（11）沼气管道应埋设在土壤冰冻线以下，其管顶覆土厚度应遵守下列规定：埋在车行道下不得小于 0.8 米；埋在非车行道下不得小于 0.6 米。

（12）沼气管道坡度不小于 0.003°。在管道的最低处设置凝水器。一般每隔200～250米设置一个。沼气支管坡向干管，小口径管坡向大口径管。

（13）架空敷设的钢管穿越主要干道时，其高度不应低于4.6米。当用支架架空时，管底至人行道路路面的垂直净距，一般不小于2.2米。有条件地区也可沿建筑物外墙或支柱敷设。

（14）沼气埋地钢管应根据土壤腐蚀的性质，采取相应的防腐措施。

（三）室内沼气管道布置

用户沼气管包括引入管和室内管。引入管是指从室外管网引入用户而敷设的管道。用户引入管与户用沼气管的连接方法与使用的管材不同。当户用沼气管及引入管为钢管时，一般应为焊接或丝接；当户用沼气管道为塑料管而引入管为镀锌管时应采用钢塑接头。

用户引入管一般规定如下：

（1）用户引入管不得敷设在卧室、卫生间、有易燃易爆品的仓库、配电间、变电室、烟道、垃圾道和水池等地方。

（2）引入管的最小公称直径应不小于20毫米。

（3）北方地区阀门一般设置在厨房或楼梯间，对重要用户还应在室外另设置阀门。阀门应选用气密性较好的旋塞。

（4）用户引入管穿过建筑物基础或暖气沟时，应设置在套管内，套管内的管段不应有接头，套管与引入管之间用沥青油麻堵塞，并用热沥青封口。一般情况下，套管公称直径应比引入管的公称直径大二号。

（5）室外地上引入管顶端应设置丝堵，地下引入管在室内则地面上应设置清扫口，便于通堵。

（6）输送沼气引入管的埋深应在当地冰冻线以下，当保证不了这一埋深时，应采取保温措施。

（7）在采暖区输送湿燃气或杂质较多的燃气，对室外地上引入管部分，为防止冬季冻堵，应砌筑保温台，内部做保温处理。

（8）引入管应有不小于 0.3% 的坡度，并应坡向庭院管道。

（9）当引入管的管材为镀锌钢管或无缝钢管并进行埋设时，必须采取防腐措施。

（10）用户引入管无论使用何种管材、管件，使用前均应认真检查质量，并应彻底清除管内填塞物。

（11）引入管接入室内后，立管从楼下直通上面各层，每层分出水平支管，经沼气计量表再接至沼气灶，从沼气流量计向两侧的水平支管，均应有不小于 0.2% 的坡度坡向立管。

（12）公称直径大于 25 毫米的横向支管不能贴墙敷设时，应设置在特制铁支架上，支架间距参照表 5-16 的规定。

表 5-16 不同管径采用的支架间距

管径（毫米）	方向	15	20	25	32	40	50	75	100
间距（米）	横向	2.5	2.5	3.0	3.5	4.0	4.5	5.5	6.5
	竖向	按横向间距适当放大							

二、沼气输配系统施工

户用沼气工程输配管道一般使用聚氯乙烯（PE）硬塑管、聚乙烯（PVC）硬塑管或铝塑复合管，要求气密性好、耐老化、耐腐蚀、光滑、价格低。

（一）管道沟槽的开挖与回填

1. 管道沟槽的开挖

在开挖沟槽前首先应认真学习施工图纸，了解开挖地段的土壤性质及地下水情况，结合管径大小、埋管深度、施工季节、地下构筑物情况、施工现场大小及沟槽附近地上建筑物位置来选择施工方法，合理确定沟槽开挖断面。

沟槽开挖断面是由槽底宽度、槽深、槽层、各层槽帮坡度及槽层间留平台宽度等因素来决定的。正确地选择沟槽的开挖断面，可以减少土方量，便于施工，保证安全。

（1）沟槽断面的形式有直槽、梯形槽和混合槽等，如图 5-20 所示。

图 5-20　铺设沼气输配管道各种沟横断面

A. 直槽　B. 梯形槽　C. 混合槽

当土壤为黏性土时，由于它的抗剪强度以及颗粒之间的黏结力都比较大，因而可开挖成直槽。直槽槽帮坡度一般取高∶底为 20∶1。如果是梯形槽，槽帮坡度可以选得较陡。

沙性土壤由于颗粒之间的黏结力较小，在不加支撑的情况下，只能采用梯形槽，槽帮坡度应较缓和。梯形槽的槽帮坡度见表 5-17。

表 5-17　梯形槽的槽帮坡度

土壤类别	槽帮坡度	
	槽深<3 米	槽深 3～5 米
沙土	1∶0.75	1∶1.00
沙壤土	1∶0.50	1∶0.67
亚黏土	1∶0.33	1∶0.50
黏土	1∶0.25	1∶0.33
干黄土	1∶0.20	1∶0.25

当沟槽深而土壤条件许可时，可以挖混合槽。

（2）沟槽槽底宽度的大小决定于管径、管材、施工方法等。根据施工经验，不同直径的金属管（在槽上做管道绝缘）所需槽底宽度如表 5-18 所示。

表5-18　槽底宽度

管径（毫米）	50～75	100～200	250～350
槽底宽度（米）	0.7	0.8	0.9

梯形槽上口宽度的确定，如图5-21所示。

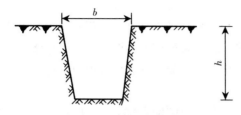

图5-21　梯形槽尺寸

①单管敷设。

$$b=a+2nh \qquad (5-2)$$

式中：b——沟槽上口宽度，米；

　　　a——沟槽底宽度，米；

　　　n——沟槽边坡率；

　　　h——沟槽深，米。

②双管敷设。

$$a=DH_1+DH_2+L+0.6 \qquad (5-3)$$

式中：a——沟槽底宽度，米；

　　　DH_1、DH_2——第一条、第二条管外径，米；

　　　L——两条管之间设计净距，米；

　　　0.6——工作宽度，米。

（3）在天然湿度的土中开挖沟槽，如地下水位低于槽底，可开直槽，不支撑，但槽深不得超过：沙土和沙砾土1.0米，沙壤土和亚黏土1.25米，黏土1.5米。

（4）较深的沟槽，宜分层开挖。每层槽的深度，人工挖槽一般2米左右。一层槽和多层槽的头槽，在条件许可时，一般采用梯形槽；人工开挖多层槽的中槽和下槽，一般采用直槽支撑。

（5）人工开挖多层槽的层间留台宽度，梯形槽与直槽之间一般不小于0.8米；直槽与直槽之间宜留0.3～0.5米；安装井点时，槽台宽度不应小于1米。

（6）人工清挖槽底时，应认真控制槽底高程和宽度，并注意不使槽底土壤结构遭受扰动或破坏。

（7）靠房屋、墙壁堆土高度，不得超过檐高的1/3，同时不得超过1.5米。结构强度较差的墙体，不得靠墙堆土。堆土不得掩埋消火栓、雨水口、测量标志、各种地下管道的井室及施工料具等。

（8）挖槽见底后应随即进行下一工序，否则，槽底以上宜暂留20厘米不挖，作为保护层。冬季挖槽不论是否见底及对暴露出来的自来水管，均需采取防冻措施。

2. 管道沟槽土方回填

回填土施工包括还土、摊平、夯实、检查等工序。还土方法分人工、机械两种。

沟槽还土必须确保构筑物的安全，使管道接口和防腐绝缘层不受破坏，构筑物不发生位移等。沟槽应分层回填，分层压实，分段分层测定密实度。沟槽还土各部位的密实度要求如图5-22所示。

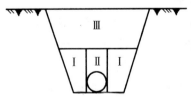

图5-22　沟槽还土各部位密实度

Ⅰ.胸腔还土部分95%；Ⅱ.管顶以上50厘米范围内85%；Ⅲ.管顶以上50厘米至地面部分，按下列各值：填土上方计划修路或在城镇厂区95%，农田90%，竣工后即修路者，按道路标准要求。

管道两侧及管顶以上 0.5 米内的土方，在铺管后立即回填，留出接口部分。回填土内不得有碎石砖块，管道两侧应同时回填，以防管道中心线偏移。对有防腐绝缘层的管道，应用细土回填。管道强度试压合格后及时回填其余部分土方，若沟槽内积水，应排干后回填。管顶以上 50 厘米范围内的夯实，宜用木夯。

机械夯实时，分层厚度不大于 0.3 米；人工夯实分层厚度不大于 0.2 米，管顶以上填土夯实高度达 1.5 米以上，方可使用碾压机械。

穿过耕地的沟槽，管顶以上部分的回填土可不夯实，覆土高度应较原地面高 400 毫米。

（二）室外沼气管的连接

1. 聚氯乙烯管的连接

由于聚氯乙烯焊接所能达到的焊缝强度只有母材的 60％左右，故一般用胶黏剂连接。用胶黏剂连接操作简单，不需专用设备，接口强度高于母材，只要承口和插口的公差配合得当，接口气密性容易保证。

无论是聚氯乙烯与同种或异种材料的黏接，都是通过大分子在接触面间相互扩散，分子相互纠缠而形成黏接层。为了使高分子能互相扩散，胶黏剂所用的溶剂与塑料的互溶性对黏接有密切的关系。使用过氯乙烯胶黏剂也很有效，其主要溶剂为三氯乙烷、二氯甲烷等。它与聚氯乙烯有很好的互溶性。

聚氯乙烯管路黏合之前，应先将其表面打毛，以使其增大黏接面积，并对胶黏剂产生铆固作用，从而增加了塑料黏接表面的黏结力。打毛后用丙酮擦除油污，胶接后的接头最好存放一段时间，使胶黏剂中的溶剂渗入塑料内。为得到最高黏合强度，还要注意上胶时胶黏剂是否全部润湿被黏接物的两个表面，黏合面中不应有空气泡，以免形成应力集中并降低接头强度。此外，被黏接处在黏接后适当加压也能提高黏接强度。

2. 聚丙烯管的连接

聚丙烯受热易老化，熔点范围窄，冷却时结晶收缩较大，易产生内应力。此外，结晶熔化时，熔体黏度很小。因此焊接条件比聚氯乙烯更苛刻。目前采用较多的是手工热风对接焊，一般热风温度控制在 240～280℃。

聚丙烯管的黏接目前最有效的方法是将塑料表面进行处理，改变表面极性，然后用聚氨酯或环氧胶黏剂进行黏合。另一种办法就是采用与聚丙烯接近的材料作热熔胶，在加热情况下使其溶化。黏接聚丙烯管的常用热胶有 EVA（乙烯-醋酸乙烯共聚物）和 EEA（乙烯-丙烯酸乙酯共聚物）两种体系。每一种体系中又有很多标号，性能也不一样，应根据需要来选用。

3. 聚乙烯管的连接

聚乙烯管采用热熔连接，不同树脂的聚乙烯管有其一定的热熔温度。常用的热熔连接有以下 3 种：

（1）热熔对接　两根对接管的端面在加工前应检查是否与管轴线垂直，对接时将其两端面与热板接触至熔化温度，然后将两个熔化口压紧，在预定的时间内用机械施加一定压力，并使接口冷却。现有成套专用设备进行热熔对接，施工方便，质量稳定。

（2）承插热熔连接　将插口外表面和承口内表面同时加热至材料的熔化温度，与熔口形成明显 1 毫米熔融圈时，将熔化管端插入承口，固定直至接口冷却。管径大于 50 毫米的接头连接，使用机械加压，以保证接口质量。

（3）侧壁热熔连接　将管道外表面和马鞍形管件的对应表面同时加热至熔化温度，将两熔口接触连接，在预定时间内加压冷却，然后通过马鞍形管件内的钻头在连接管材处打孔，形成分支连接。

（三）室内沼气管的安装

（1）施工安装前，对所有管道及附件进行质量和气密性检验。

（2）室内管道沿墙敷设，布局要科学合理，安装要横平竖直，美观大方。尽量缩短输气距离，以保证设计的灶前压力。所有管道的接头要连接牢固和严密，防止松动和漏气。用固定扣将管道固定在墙壁上，与电线相距至少 20 厘米，不得与电线交叉。

（3）硬塑料管道一般采用承插式胶黏连接。在用涂料胶黏剂前，检查管子和管件的质量及承插配合。如插入困难，可先在开水中使承口胀大，不得使用锉刀或砂纸加工承接表面或用明火烘烤。涂敷胶黏剂的表面必须清洁、干燥，否则影响黏接质量。

（4）胶黏剂一般用漆刷或毛笔顺次均匀涂抹，先涂管件承口内壁，后涂插口外表。涂层应薄而均匀，勿留空隙，一经涂胶，即应承插连接。注意插口必须对正插入承口，防止歪斜引起局部胶黏剂被刮掉产生漏气通道。插入时须按要求勿松动，切忌转动插入。插入后以承口端面四周有少量胶黏剂溢出为佳。管子接好后不得转动，在通常操作温度（5℃以上）下，10 分钟后才许移动。

三、沼气灶的安装

（一）安装要领

（1）灶具应安装在专用厨房内，房间高度不应低于 2.2 米，当有热水器时，高度应不低于 2.6 米。房间应有良好的自然通风和采光。

（2）灶背面与墙净距不小于 100 毫米，侧面不小于 250 毫米；若墙面为易燃材料，必须加设隔热防火层，其尺寸应比灶面长及高大 800 毫米。

（3）在一厨房内安装两台灶具时，其间距应不小于 400 毫米。

（4）灶台高度一般为 600 毫米左右，台面应用非燃材料。

（5）家用沼气灶如用塑料管连接必须采用管箍固定。

（6）家用沼气灶前必须安装可靠的脱硫器，以确保打火率和延长灶具的使用寿命。

(二) 注意事项

(1) 使用前仔细阅读灶具使用说明书，了解灶具的结构、性能、操作步骤和常见事故的处理方法。

(2) 点火时如用火柴，应先将火种放至外侧火孔边缘，然后打开阀门。如用自动点火，将燃气阀向里推，反时针方向旋转，在开启旋塞阀的同时，带动打火机构，当听到"叽"的一声时，击锤撞击压电陶瓷，发出火花，将点火燃烧器点燃。整个过程约需 1～2 秒。

火焰的大小靠燃气阀来调节。有的灶具旋塞旋转 90°时火势最大，再转 90°则是一个稳定的小火。使用小火时应注意过堂风或抽油烟机将火吹灭。

(3) 首次使用家用灶时，如果出现点不着火或严重脱火现象时，说明管内有空气。此时，应打开厨房门窗，瞬间放掉管内的空气，即可点燃。

(4) 注意防止杂物掉入火孔，烧开水时，注意防止开水溢出，使火熄灭。

(5) 使用时突然发生漏气、跑火时，应立即关闭灶具阀门和灶前管路阀门，然后请维修人员检修。

(6) 灶具较长时间不用时，要将灶前管路阀门关闭，以保安全。

四、沼气灯的安装

(一) 安装要领

(1) 在安装前应检查沼气灯的全部配件是否齐全，有无损伤。

(2) 沼气灯一般采用聚氯乙烯软管连接，管路走向不宜过长，不要盘卷，用管卡将管路固定在墙上，软管与灯的喷嘴连接处也应用固定卡或铁丝捆扎牢固，以防漏气或脱落。

（3）吊灯光源中心距顶棚的高度以 750 毫米为宜，距室内地面为 2 米，距电线、烟囱为 1 米。民用吊灯的高度最好可以调节。

（4）台灯光源距离桌面 450～500 毫米，最好不产生眩光。安装位置稳定，开关方便，软管不要拆扭。

（5）为使沼气灯获得较好照明效果，室内天花板、墙壁应尽量采用白色或黄色。

（6）安装完毕后应用沼气在 9 800 帕的压力下进行气密性试验，持续 1 分钟，压力计数不应下降。

（二）注意事项

（1）用户在使用沼气灯前，应认真阅读产品安装使用说明，检查灯具内有无灰尘、污垢堵塞喷嘴及泥头火孔。检查喷嘴与引射器装配后是否同心，定位后是否固定。对常用的低压灯采用稀网 150 支光或 200 支光纱罩，高压灯用 150 支光纱罩，同时纱罩不应受潮。

（2）对新购的灯具，在未安装纱罩前先进行通气试烧。若火焰呈蓝色，短而有力，燃烧稳定，无脱火、回火现象，说明该灯性能良好。

（3）安装纱罩时，应牢固套在泥头槽内，将石棉丝绕扎两圈以上，打结扎牢后，剪去多余线头，然后将纱罩的皱褶拉直、分布均匀。

（4）初次点燃新纱罩时，将沼气压力适当提高，以便将纱罩吹起，成型过程中纱罩从黑变白，此时可用工具将纱罩整圆。在点燃过程中如火焰飘荡无力，灯光发红，可调节一次空气量，并向纱罩均匀吹气，促其正常燃烧，当发出白光后，稳定 2～3 分钟，关小进气阀门，调节一次空气量使灯具达到最佳亮度。

（5）日常使用时，调节旋塞阀开度，达到沼气灯的额定压力，如超压使用，易造成纱罩及玻璃罩的破裂。

（6）定期清洗沼气旋塞，并涂以密封油，以防旋塞漏气。

（7）注意经常擦拭灯具上的反光罩、玻璃罩，并保持墙面及天花板的清洁，以减少光的损耗，保持灯具原有的发光效率。

五、沼气饭锅的安装

（一）安装要领

（1）沼气饭锅应放置于平稳通风处，距墙 10 厘米以上，距地面 50 厘米以上，勿靠近其他易燃易爆物品。

（2）使用 $\phi 9.5$ 的输气软管插入饭锅进气口，并用管卡牢固。

（3）启用沼气饭锅前，应预先在底座的电池盒内安装一节五号电池。

（4）将主燃开关提到上端，再按下开关。为安全起见，将风罩提起再点火，确认火燃烧正常后将风罩放平稳才能离开。

（5）轻缓地压下主燃保温开关，脉冲点火的饭锅发出 5 秒左右的连续打火声，火即点燃。

（6）有时，由于沼气输气管道内有空气而点不着火，可重复按动几下开关，直至点着火。

（7）饭煮熟后主燃器自动关闭，进入保温状态，保温完毕后务必将保温开关提到上端原位，关闭燃气开关。

（8）有风门调节装置的沼气饭锅，需调节风门，使主燃烧器火焰调至最佳燃烧状态，即火焰呈蓝色，无黄焰、无离焰、无回火。

（二）注意事项

（1）使用沼气饭锅前，应认真阅读使用说明书，了解其结构、性能、操作步骤和常见事故的处理方法，应确保已安装好电池。

（2）首次使用沼气饭锅时，如果出现点不着火或严重脱火现象，说明输气管内有空气。应打开厨房门窗，瞬间放掉管内空气，即可点燃。

（3）使用沼气饭锅发现漏气、跑火时，应立即关闭进气阀门，进行检查或请专业维修人员检修。

（4）沼气饭锅长时间不用时，要将沼气饭锅进气管路阀门关闭，以保安全。

（5）使用沼气饭锅时，应注意保护沼气饭锅内胆不被磕碰变形，以免影响使用效果。

（6）沼气饭锅如多次打火都有火星而打不着火，应把打火针的位置重新调好，打火针必须比电极高3～4毫米，才会更容易打着火。

（7）若出现保温熄火，可能是产品使用时间长，打火喷嘴堵塞，应用0.25毫米的钢丝通喷嘴；或可能是打火支架与喷嘴密封不好，应将打火支架与喷嘴的间隙调好；或可用螺丝刀调节保温支架的通道。

（8）正常使用一段时间后，若出现焦饭或生饭，可用以下方法处理：a. 用柔软湿布或细砂纸将定温胆或内胆表面杂质擦掉；b. 用平整的物体压平内胆，使内胆与定温胆接触良好；c. 更换定温胆；d. 清洗传动部件，在各转动位置加少量润滑油，达到润滑和防锈的效果。

（9）使用一段时间后，若脉冲点火器变慢、火花变小，可能是电池或脉冲器出现故障，需要更换新电池或新的脉冲器；或者是电池盒内出现水迹、锈迹，需擦拭干净。

（10）在使用过程中，若出现饭锅漏气，可能是输气管老化或接头松动等原因，可用以下方法处理：a. 更换输气管；b. 检查各配件接头是否松动，如松动，则用螺钉加固拧紧或更换接头；c. 更换控制体密封套或铜阀芯针内的"O"形圈。

六、沼气热水器的安装

（一）安装要领

（1）直接排气式热水器严禁安装在浴室里，可以安装在通风良好的厨房或单独的房间内。

（2）安装热水器的房间高度应大于 2.5 米。房间必须有进气孔、排气孔，其有效面积不应小于 0.03 米^2，最好有排风扇。房间的门应与卧室和有人活动的门厅、会客厅隔开，朝室外的门窗应向外开。

（3）热水器的安装位置应符合下列要求：a. 热水器应安装在操作检修方便、不易被碰撞的地方；b. 热水器的安装高度以热水器的观火孔与人眼高度一致为宜，一般距地面 1.5 米；c. 热水器应安装在耐火墙壁上，外壳距墙净距不得小于 20 毫米，如果安装在非耐火的墙壁上，就垫以隔热板，每边超出热水器外壳尺寸 100 毫米；d. 热水器的供气、供水管道宜采用金属管道连接，如用软管连接，供气应采用耐油管，供水采用耐压管。软管长度不大于 2 米，软管与接头应用卡箍固定；e. 直接排气式热水器的排烟口与房间顶棚的距离不得小于 600 毫米，与燃气表、灶的水平净距不小于 300 毫米，与电器设备的水平净距应大于 300 毫米；f. 热水器的上部不得有电力明线、电器设备和易燃物。

（4）烟道式热水器如放在浴室内，其面积必须大于 7.5 米^2，下部应有不小于 0.03 米^2 的百叶窗，或门距地面留有不小于 30 毫米的间隙。

（5）烟道式热水器的自然排烟装置应符合下列要求：a. 应设置单独烟道，如用共用烟道，其排烟能力和抽力应满足要求；b. 热水器的防风排烟罩上部，应有不短于 0.25 米的垂直上升烟气导管，导管直径不得小于热水器排烟口的直径；c. 烟道应有足够的抽力和排烟能力，防风排烟罩出口处的抽力（真空度）不得小于 3 帕；d. 热水器的烟道上不得设置闸板，水平烟道总长不得超过 3 米，应有 1‰ 的坡向热水器的坡度；e. 烟囱出口的排烟温度不得低于露点温度，烟囱出口设置风帽的高度应高出建筑物的正压区或高出建筑物 0.5 米，并应防止雨雪流入。

（二）注意事项

（1）使用前仔细阅读使用说明书，并按其他规定的程序操作。在首次使用时，打开冷水阀及热水阀，让水从热水出口流出，确认水路畅通后，再关闭后制式的热水阀，打开气源阀，然后再点火启动。

（2）点火和启动：将燃气阀向里推压，逆时针方向旋转，出现电火花和听到"啪啪"声，电火花将明火点燃，在"点火"位置停留 10～20 秒后再松开，常明火需对熄火保护装置的热电偶加热，一定时间后电磁阀才能打开，当手松开后如果常明火熄灭，应重复上述动作。常明火点燃后，继续将燃气阀逆时针旋转至"大火"标记处，热水器便处于待工作状态。打开水阀，主燃烧器即自动点燃，热水器便开始工作。

（3）水温调节：水温调节阀上标有数字，数字大表示水温高，同时可用燃气阀开度大小作为水温调节的补充。

（4）关闭和熄火：关闭水阀，主燃烧器熄灭，常明火仍点燃；再次使用，将水阀打开，热水器又开始运行。长时间不用应将燃气阀关闭，这时常明火也熄灭。

（5）点火前切记将水阀关闭，不得一面放水，一面点火，以防点火爆炸。

（6）热水器在低于 0℃ 以下房间使用，用后应立即关闭供水阀，打开热水阀，将热水器内的水全部排掉，以防冻结损坏。

（7）连续使用热水器时，关闭热水阀后，瞬间水温会升高，随即继续使用时应防过热烫伤。

（8）热水器两侧进气孔不能堵塞，排气口不能用毛巾遮盖。热水器点着后不应远离现场。

（9）热水器在使用过程中如被风吹灭，在 1 分钟内燃烧器安全装置会将燃气供应切断，重新点火需在 15 分钟之后。

（10）在使用热水器过程中，若发现热水阀关闭后主燃烧器仍不熄火，应立即关闭燃气阀，并报管理部门检修。

（11）电脉冲点火装置的电源是干电池，当不能产生电火花无法点燃燃气时，应及时更换。

（12）使用热水器的房间应注意通风和换气。

七、沼气输配系统检验

（一）外观检查

对照施工图，进行外观检查。主要检查：

（1）管道是否符合近、直原则；拐弯处有无折扁；连接头有无松动和脱开。

（2）架空高度是否合格；埋地时，是否加套管或设沟槽；埋设深度是否符合要求。

（3）管道有无坡度，是否坡向沼气池里。

（4）有无安装不必要的管道附件。

（二）气密性检验

沼气池池体试压合格后，将管道从导气管上拔下来，将开关关闭，再从灶具端的管道用力向管内吹气，使压力表水柱上升到800毫米以上时，立即关闭开关，在4小时内压力表水柱下降不大于10毫米为合格。如果管道过长或分支多又不易达到合作时，可在分支处加装开关，分段进行检测，最后进行系统检验。检查漏气部位时，可用肥皂水涂抹或用水浸泡，找出漏气的地方进行修理后重新检验，直至合格为止。

第六章　户用沼气系统运行

户用沼气系统建成后，发酵启动和日常管理的好坏，对产气率的高低影响极大。"三分建池，七分管理"是广大沼气科技工作者在实践中总结出来的宝贵经验。实际运行证明：相同结构的沼气池管理得是否科学、合理、精心，其产气效果差异很大。因此，应把握好沼气池发酵启动和日常管理的技术要领，使其早产气、产好气。

第一节　户用沼气系统快速启动

无论是新建成的户用沼气系统，还是换料后重新启动的户用沼气系统，从向沼气池内投入发酵原料和接种物起，到沼气池能正常稳定地产生沼气为止，这个过程称为沼气池发酵启动。结构相同的沼气池，发酵启动的各个环节处理的不同，其产气和使用效果差异很大。按照接种物：原料：水＝1：2：5的比例配料，在20℃以上的料液温度条件下启动，封池后1～2天即可点火使用。不按要求配料启动，封池后10天甚至更长时间都不能点火使用。因此，把握好户用沼气系统发酵启动的各个环节至关重要。

一、启动准备

启动原料和接种物的准备是户用沼气系统发酵启动的基础工作，包括启动原料收集与预处理、接种物采集与处理等工序。

（一）启动原料收集与预处理

1. 收集优质启动原料

沼气发酵原料既是生产沼气的物质基础，又是沼气发酵微生物赖以生存的营养物质来源。为了保证沼气池启动和发酵有充足而稳定的发酵原料，使池内发酵原料既不结壳，又易进易出，达到管理方便、产气率高的目的，要按照沼气发酵微生物的营养需要和发酵特性，收集和选择启动原料。

各种有机物，如人畜禽粪尿、作物秸秆、农副产品加工的废水剩渣及生活污水等都可作沼气发酵原料。沼气发酵微生物主要从发酵原料中吸取碳元素和氮元素，以及氢、硫、磷等营养元素。碳为沼气发酵微生物提供能量，氮构成细胞，沼气发酵最适宜的碳氮比为（20～30）：1。如原料中碳元素过多，则氮元素被微生物利用后，剩下过多的碳元素，造成有机酸的大量积累，不利于沼气池的顺利启动。

在农村常用的沼气发酵原料中，牛粪的碳氮比为 25：1，马粪的碳氮比为 24：1，羊粪的碳氮比为 29：1。从沼气发酵原料的营养角度看，是比较适宜的启动原料。因此，农村户用沼气池启动，应收集和选择牛粪、马粪和羊粪。

2. 预处理启动原料

农村户用沼气池用于启动的第一池发酵原料，除了应尽量采用碳氮比适宜的纯净牛粪、马粪、羊粪，或 2/3 的猪粪＋1/3 的牛、马粪外，在投料之前，还应进行堆沤处理。堆沤时，应在收集到的启动原料堆上泼水，保持湿润，并加盖塑料薄膜密封，以利于聚集热量和富集菌种。堆沤时间根据季节变化进行调节，夏天堆沤 2～4 天，冬天堆沤 7 天左右，堆沤原料温度升高到 40～50℃，颜色变成深褐黑色后，方可入池。

如果畜禽粪便原料不足，需要搭配秸秆等纤维性原料时，在秸秆等纤维性原料进池发酵之前，一定要进行预处理。玉米秸秆、麦秆、稻草等农作物秸秆均属木质纤维素类生物质，具有质地稀疏、比重小的特点，主要成分为纤维素、木质素、半纤维素、果胶和蜡质等化合物。尽管纤维素单独存在时能被许多微生物分解，但在细胞壁中，纤维素是被木质素和半纤维素包裹着，而木质素有完整坚硬的外壳，不易被微生物降解。木质素最初的降解需要氧分子的参与，所以未处理的木质素不能在厌氧环境下被微生物降解。此外，秸秆原料表面的蜡质也不易被沼气发酵微生物破坏。秸秆的木质纤维素含量较高，不易被厌氧菌消化，使沼气发酵产气量低，经济效益差，这是秸秆不能被大规模用于沼气生产的主要原因。一个简单有效的解决方法就是在沼气发酵前，对秸秆进行物理、化学或生物预处理，把秸秆预先转化成易于消化的"食料"，以显著提高秸秆的生物消化性能、产气率和经济性。因此，为了防止秸秆原料进入沼气池后出现漂浮结壳，提高利用率和产气率，在使用这种原料入池前需要采用适当的方法对其进行预处理。

秸秆原料预处理的方法主要包括物理、化学和生物等方式。

（1）物理预处理　利用切碎机或粉碎机，将干秸秆粉碎为粒径不大于 10 毫米，减小秸秆粒径，降低其结晶度，破坏半纤维素和木质素的结合层及秸秆表面的蜡质层，增大纤维素与微生物接触的表面积，同时软化秸秆原料，将部分半纤维素从秸秆中分离、降解，从而增加了酶对纤维素的可触及性，提高了纤维素的酶解转化率，加快原料的分解速度。通常可以提高 10%～30% 的气体产量。

（2）化学预处理　利用尿素、氨水、石灰水等碱性溶液浸泡粉碎的秸秆，破坏秸秆细胞壁中半纤维素与木质素形成的共价键，从而达到提高秸秆消化率的目的。方法为将粉碎的秸秆在调浆池内用水（粪水更佳）湿润，然后添加尿素、氨水、石灰水等碱性溶液，浸泡的时间约为 1 天。其作用是：a. 打开纤维素、半纤维素和木质素之间的酯键，溶解纤维素、半纤维素和一部分木质素及硅酸盐，使纤维素膨胀，从而提高消化率；b. 与秸秆原料中的有机化合物发生反应，生成铵盐，成为厌氧微生物的氮素来源，被微生物利用；c. 与秸秆原料沼气发酵中产生的有机酸反应，提高微生物的活性。

（3）生物预处理　利用木质素、纤维素降解能力强的微生物对秸秆进行固态发酵，将作物秸秆中的木质素、纤维素预先降解成易于被厌氧菌消化的水溶性小分子物质，以缩短沼气发酵时间，提高干物质消化率和产气率。该技术关键是筛选木质素降解能力强的菌种。与其他预处理方法相比，生物处理消耗较少的化学物质和能量，是一种生物安全、环境友好的秸秆原料处理方式，目前很多的研究都在寻求一种可控制的、快速有效的生物预处理方法。生物预处理包括添加菌剂、堆沤等，在匀浆池内将处理好的接种物加入浸泡好的秸秆中，进行混合，拌匀，然后加水（以秸秆不渗出水为宜），覆膜堆沤。堆沤处理是先将秸秆等纤维性原料进行兼氧发酵，然后再将堆沤过的秸秆入池进行沼气发酵。秸秆经过堆沤后，可以使纤维素变松散，扩大纤维素与细菌的接触面，加快纤维素的分解和沼气发酵过程的进行；通过堆沤还可以破坏秸秆表面的蜡质层，增加其含水量，下池后不易浮料结壳；在堆沤过程中能产生70℃以上的高温，有利于提高料温，并且堆沤后秸秆体积缩小，其中的空气大部分被排除，有利于沼气发酵。通过堆沤能有效提高发酵温度和富集菌种。但如果堆沤时间过长，会导致能量和营养损耗，因此对堆沤时间必须进行控制。堆沤的方法分池外堆沤和池内堆沤两种。

①池外堆沤。先将作物秸秆铡碎，起堆时分层加入占干料重1％～2％的石灰或草木灰，以破坏秸秆表层的蜡质，并中和堆沤中产生的有机酸。同时再分层泼一些人畜粪尿或沼液。加水量以料堆下部不流水，而秸秆充分湿润为度。料堆上覆盖塑料薄膜或糊一层稀泥。堆沤时间夏季4～5天，冬季8～10天。当堆内发热烫手时（50～60℃），要立即翻堆，把堆外的秸秆翻入堆内，并补充些水分，再堆沤一定时间。待大部分秸秆颜色呈棕色或褐色时，即可入池发酵。

②池内堆沤。池内堆沤比池外堆沤的能量和养分损失要少一些，而且可以利用堆沤时产生的热量来增加池温，加快启动沼气发酵，提前产气。新池进料前应先将沼气池里试压的水抽出，老池大换料时，也要把发酵液基本取出，只留下菌种部分。然后按配料比例配料，可以在池外搅拌均匀后装入沼气池，也可将粪、草分层，一层一层地交替均匀地装入池内。要求草料充分湿润，但池底基本不积水。料装好后，将活动盖口用塑料薄膜封好，当发酵原料的料温上升到50℃时（打开活动盖口塑料薄膜时有水蒸气可见），再加水至零压水位线，封好活动盖。

（二）接种物采集与处理

1. 采集接种物

为了加快沼气发酵的启动速度和提高沼气池产气量而向沼气池中加入的富含沼气发酵微生物的物质，统称为接种物，它的作用就像人们蒸馒头要用酵母来发酵一样。

在沼气发酵过程中，沼气发酵微生物是起根本作用的内因条件，一切外因条件都是通过这个内因条件起作用的。因此，沼气发酵的前提条件就是要接入含有大量这种微生物的接种物，或者说含量丰富的菌种。

沼气发酵过程是多种类群微生物共同作用的结果，因此要提高沼气发酵的效率，首先要注意所进原料与微生物之间的一致性，这在利用难降解有机物质为原料时尤为重要；其次是要注意接种物的产甲烷活性，因为产酸菌繁殖快，而产甲烷菌繁殖很慢，如果接种物中产甲烷菌数量太少，常因在启动过程中酸化与甲烷化速度的过分不平衡而导致启动的失败。

目前，由于还没有纯产甲烷菌可利用，所以，在沼气的制取过程中，一般均采用自然界的活性污泥作接种物。如城市污水处理厂的污泥、池塘底部的污泥、粪坑底部的沉渣等，都含有大量的沼气发酵微生物，特别是屠宰场、食品加工厂和酿造厂的下水污泥等，由于有机化合物含量多，适于沼气发酵微生物的生长，都是良好的接种物。在农村，来源较广、使用最方便的接种物是沼渣和沼液。

启动农村户用沼气池，首先应选择正常产气沼气池的沼渣或沼液作接种物，如果是新的沼气发展地区，没有正常产气沼气池可供利用，则可选择粪坑、屠宰场、豆腐加工厂、食品加工厂和酿造厂的下水污泥作接种物。

2. 处理接种物

如果采集的接种物是正常产气沼气池的沼渣或沼液，可不作处理，直接加入沼气池用于启动。如果采集的接种物是粪坑、屠宰场、豆腐加工厂、食品加工厂和酿造厂的下水污泥，应将污泥加水搅拌均匀，经沉沙和过筛后，去掉上清液，使悬浮固体物含量达到 2％～5％时即可作为接种物。

二、配料封池

（一）配料

农村户用沼气工程启动配料比例为：接种物：原料：水＝1：2：5。以 8 米^3 的沼气池为例，接种物为 0.8 米^3 左右，原料为 1.8 米^3 左右，水为 5 米^3 左右（图 6-1）。将收集的接种物和

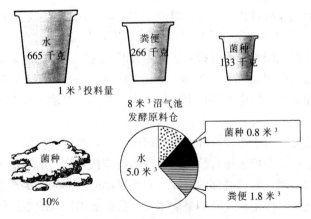

图 6-1　户用沼气启动配料比例

原料处理后，按以上比例，投入沼气池。

（二）加水

启动户用沼气池时，加入池内的水占去大部分池容，水温高低、质量好坏对启动快慢影响很大。发酵原料和接种物加入沼气池后，最好能从正常产气的沼气池水压间中取200～400千克富含菌种的沼液加入，再找水茅坑或污水坑中的发泡污水，加至距天窗口400～500毫米处。除了注意加入水的质量外，还应尽量想办法加入温度较高的水。沼气池的启动用水，温度应尽量控制在20℃以上，例如，夏季可采用晒热的污水坑或池塘的水等，避免将从井里抽出来的10℃左右的冷水直接加入池内。因为沼气池结构如同保温瓶，若加入冷水，要靠外部热量提高其温度是比较困难的。沼气池一旦处于"冷浸"状态，要改变其状态需要经过很长的时间。

在沼气池启动和发酵中，加入多少原料和水，直接影响到料液浓度。沼气池最适宜的发酵浓度，随季节不同（发酵温度不同）而变化。一般浓度范围为6%～12%，夏季浓度以6%～8%为宜，低温季节以10%～12%为宜。若进料量过少，有效物质少，不易启动且产气时间短；若进料量过多，不利于沼气发酵细菌的活动，原料不易分解，产气慢而少。

启动户用沼气池，最主要的问题是沼气微生物数量和活性不足，因此，要低负荷（6%以下的浓度）启动，等产气正常后，再逐步加大负荷，直到设计的额定运行负荷。沼气池启动负荷根据沼气池发酵启动的有效容积、发酵原料的品种及含水量（或干物质含量）、启动用水量进行计算（表6-1）。

表6-1 户用沼气池启动配料参考

（单位：千克/米³）

配料组合	重量比	6%浓度		8%浓度		10%浓度	
		加料	加水	加料	加水	加料	加水
鲜猪粪		333	667	445	555	555	442
鲜牛粪		353	647	471	529	588	412

（续）

配料组合	重量比	6% 浓度		8% 浓度		10% 浓度	
		加料	加水	加料	加水	加料	加水
鲜骡粪＋马粪		300	700	400	600	500	500
牛粪＋马粪	随机	350	650	460	540	550	450
猪粪＋牛粪	1.5：3.2	112＋240	647	150＋320	530	208＋400	412

（三）测 pH

给沼气池投入原料和接种物，加入 20℃左右的温水至零压面（距天窗口 400～500 毫米）后，在封闭活动盖之前，要用 pH 试纸检测启动料液的酸碱度。当启动料液的 pH 为 6.8～7.5 时，即可封闭沼气池活动盖。

在沼气池启动和发酵过程中，沼气发酵微生物适宜在中性或微碱性的环境中生长繁殖。池中发酵液的酸碱度（也就是 pH）以 6.8～7.5 为宜，过酸（pH＜6.0）或过碱（pH＞8.0）都不利于原料发酵和沼气的产生。一个启动正常的沼气池一般不需调节 pH，靠其自动调节就可达到平衡。

沼气发酵启动过程中，一旦发生酸化现象，往往表现为所产气体长期不能点燃或产气量迅速下降，甚至完全停止产气，发酵液的颜色变黄。为了加速 pH 自然调节作用，可向沼气池内增投一些接种物，当 pH 降到 6.5 以下时，需取出部分发酵液，重新加入大量接种物或者老沼气池中的发酵液。也可加入草木灰或石灰水调节，将 pH 调节到 6.5 以上，以达到正常产气的目的。

（四）封池

户用沼气池活动盖一般用黏性较大的黏土和石灰粉配制成的石灰胶泥密封，先将干黏土锤碎，筛去粗粒和杂物，按 5：1 的配比（重量比）与石灰粉干拌均匀后，加水拌和，揉搓成为硬面团状，即可作为封池胶泥使用。

封盖前，先用扫帚扫去粘在蓄水圈、活动盖底及周围的泥沙杂物，再用水冲洗，使蓄水圈、活动盖表面洁净，以利黏结。清洗完后，将揉好的石灰胶泥均匀地铺在活动盖口表面上，再把活动盖放在胶泥上，注意活动盖与蓄水圈之间的间隙要均匀，用脚踏紧，使之结合紧密。然后插上插销，将水灌入蓄水圈内，养护1～2天即可（图6-2）。

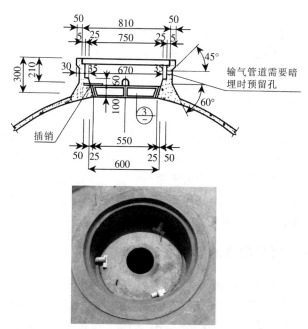

图6-2 户用沼气池活动盖密封

要使活动盖密封不漏气，天窗口和活动盖的施工一定要认真、规范。活动盖的厚度不低于100毫米，斜角不能过大（图6-3）。

密封活动盖的胶泥要用石灰胶泥，不能太硬，也不

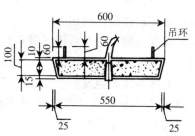

图6-3 活动盖制作要求

能太软，要能填充和仿形活动盖和天窗口之间的缝隙。活动盖上的蓄水圈要经常加水，以防密封胶泥干裂，出现漏气。

(五) 放气试火

沼气池启动初期，所产生的气体主要是二氧化碳，同时封池时气箱内还有一定量的空气，因而气体中的甲烷含量低，通常不能燃烧。当沼气压力表上的水柱达到 400 毫米以上时，应放气试火，试火时要接上沼气灶点火。放气 1～2 次后，所产气体中的甲烷含量达到 30% 以上时，所产生的沼气即可点燃使用。

第二节　户用沼气系统科学管理

户用沼气工程启动使用后，加强日常管理，控制好发酵过程条件，是提高产气率的重要技术措施。要使沼气系统经久不衰地产气好、产气旺，必须把沼气池当作有生命的生物体看待，不能当作垃圾坑，什么东西都往里倾倒。应按照沼气发酵微生物生长繁殖规律，加强沼气系统的科学管理。

一、加强沼气池的"吐故纳新"

加入沼气池的发酵原料，经微生物发酵分解，逐渐地被消耗或转化。如果不及时补充新鲜原料，微生物就会"吃不饱""吃不好"，产气量就会下降。为了保证微生物有充足的食物，并进行正常的新陈代谢，使产气正常而持久，就要不断地补充新鲜原料，做到勤加料，勤出料。

根据一般家庭日常用气量和常用沼气发酵原料的产气量，户用沼气池正常启动使用 2～3 个月后，每天应保持 20 千克左右的新鲜畜禽粪便入池发酵。"三结合"沼气池，每天有 4～6 头猪或 1～2 头牛的粪便入池发酵即可满足需要，平时也需添加适量的水，以保持发酵原料的浓度。非"三结合"沼气池，一般每隔 5～10 天应进、出占总有效容积 5% 的原料，也可按每立方米沼气池容积进干料3～4千克的比例加入发酵原料。同时也要定期小出料，以保持池内一定数量的料液。

进、出料时，应先出料，后进料，做到"出多少，进多少"，以保持气箱容积的相对稳定。出料时，要保证剩下的料液液面不低于进料口或出料口的上沿，以免池内沼气从进料口或出料口跑掉。若出料后池内的料液液面低于进料口或出料口的上沿，应及时加水，使液面达到所要求的高度。若一次补充的发酵原料不足，可加入一定数量的水，以保持原有水位，使池内沼气具有一定的压力。

二、经常搅动沼气池内的发酵原料

沼气池启动使用后，经常搅拌沼气池内的发酵原料，能使原料与微生物充分接触，促进微生物的新陈代谢，使其迅速生长繁殖，提高产气率；可以打破上层结壳，使中、下层所产生的附着在发酵原料上的沼气，由小气泡聚积成大气泡，并上升到气箱内；可以使微生物的生活环境不断更新，有利于它们获得新的养料。如不经常搅拌发酵原料，就会使其表层形成很厚的结壳，阻止下层产生的沼气进入气箱，降低沼气池的产气量。

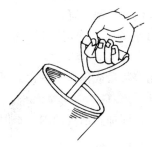 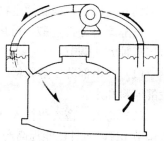

图6-4　手动回流液体搅拌　　　图6-5　电动回流液体搅拌

户用沼气池常用的搅拌方法有两种：其一是通过设置在沼气池上的手动回流搅拌装置，每天用活塞在回流搅拌管中上下抽动

10 分钟，将发酵间的料液抽出，再回流进进料口，进行人工强制回流液搅拌（图 6 - 4）；其二是通过小型电动污物泵，将出料间的料液抽出，再回流进进料口，进行电动回流液体搅拌（图 6 - 5）。

三、保持沼气池内发酵原料适宜的浓度

沼气池内的发酵原料必须含有适量的水分，才有利于微生物的正常生活和沼气的产生。水分过多或过少都不利于微生物的活动和沼气的产生。若水量过多，发酵液中干物质含量少，单位体积的产气量减少；如果水量过少，发酵液太浓，容易积累有机酸，使沼气发酵受阻，影响沼气产量。根据试验研究和实践经验证明，户用沼气池适宜的发酵原料浓度为 6%～12%。夏季浓度不低于 6%，冬季浓度不低于 12%。

四、随时监控沼气发酵料液 pH 变化

沼气发酵微生物适宜在中性或微碱性的环境条件下生长繁殖，过酸或过碱对微生物的活动都不利。户用沼气池如果不按照沼气发酵工艺条件调控，一般出现偏酸的情况较多，特别是在发酵初期，由于投入的纤维类原料多，而接种物不足，常会使酸化速度加快，大大超过甲烷化速度，造成挥发酸大量积累，使 pH 下降到 6.5 以下，抑制微生物活动，使产气率下降。

发酵原料是否过酸，可用 pH 试纸测定。确定原料过酸后，可用三种方法调节：

（1）取出部分发酵原料，补充相等数量或稍多一些含氮多的发酵原料和水。

（2）将人、畜粪尿拌入草木灰，一同加到沼气池内，不但可以调节 pH，而且还能提高产气率。

（3）加入适量的澄清石灰液，并与发酵液混合均匀，避免强碱对微生物活性的破坏。

五、强化沼气池的越冬管理

户用沼气池的越冬管理，用通俗的话概括就是"吃饱肚子，盖暖被子""池内要增温，池外要保温"。"吃饱肚子"就是在入冬前（10月底）多出一些陈料，多进一些牛粪、马粪等热性原料，防止沼气池"空腹"过冬。"盖暖被子"就是入冬前，及时对沼气池进行越冬保温管理。

（一）用太阳能畜禽舍为沼气池保温

与太阳能畜禽舍相结合建造的"三位一体"户用沼气池系统，在入冬前（10月底），要及时将太阳能畜禽舍顶面用塑料薄膜覆盖（图6-6），进行保温越冬。

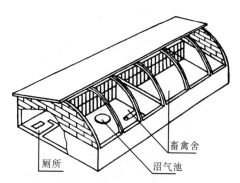

图6-6 用太阳能畜禽舍为沼气池保温

（二）用日光温室为沼气池保温

与日光温室相结合建造的"四位一体"户用沼气池系统，在入冬前（10月底），要及时将日光温室顶面用塑料薄膜覆盖（图6-7），进行保温越冬。

（三）用简易温棚为露地沼气池保温

暂时没有建造地上畜禽舍的露地沼气池，在入冬前，要在沼气池上搭建简易温棚，将沼气池装在里面（图6-8）；或者用秸秆或塑料薄膜覆盖沼气池保温，尤其要及早做好进、出料口及水压间等直接和外界接触的散热量较大处的保温措施。

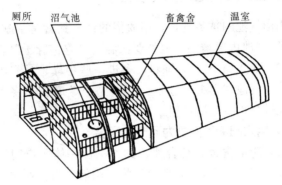

图 6-7　用日光温室为沼气池保温

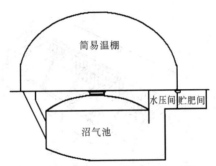

图 6-8　用简易温棚为露地沼气池保温

六、适当添加沼气发酵促进剂

(一) 沼气发酵促进剂的作用

沼气发酵促进剂（亦称为添加剂）是指在沼气发酵过程中用量很小，能促进有机物质分解并提高产气量的那些物质。

沼气发酵促进剂在沼气发酵中的作用有：a. 改善沼气发酵微生物的营养状况，满足其营养需要；b. 为沼气发酵微生物提供促进生长繁殖的微量元素；c. 改善和稳定产甲烷菌的生活环境，加速其新陈代谢。

（二）沼气发酵促进剂的种类

农村户用沼气池常用的沼气发酵促进剂有：

（1）**热性发酵原料**　如豆腐坊、酒坊、粉坊、屠宰场的下脚料，废水及牛尿等直接加入沼气池内，可提高池温，增加产气量。

（2）**麦麸或米糠**　麦麸含粗蛋白质 13.46％、粗纤维 10％，投入沼气池可产生醋酸并进一步形成沼气。按每立方米料液加入 0.5 千克计，用水搅拌后投入池内，可增加产气量 1 倍以上。

（3）**有机物质浸出液**　在进料口处加一个预处理池（最好采用两步发酵多功能池型），将稻草、青杂草、烂菜叶、甘薯藤、水葫芦、玉米秸秆等有机物质浸泡池中，让浸出液流入沼气池中，可提高产气量 20％左右。

（4）**碳酸氢铵**　对于以秸秆等纤维性原料为主要发酵原料的沼气池，因原料碳氮比较高，因此加入 0.1％～0.3％的碳酸氢铵，可降低原料碳氮比值，促进发酵，提高产气量 30％左右。

（5）**生物炭粉**　生物炭除含有大量的碳、氢、氮外，还含有一些微量元素。在沼气池中加入少量的生物炭粉，可改变微生物的环境，诱导和促进酶活动，加速有机物质分解，提高产气量。

有些沼气发酵促进剂具有两重性，当添加量小或适量时，对沼气发酵有促进作用；如果用量过大，超过了一定的限度，则对发酵产生抑制作用，变成了抑制剂。所以，沼气发酵促进剂只能起辅助作用，不能长期靠它来增加产气量，根本保证在于投入充足的发酵原料。

第三节　户用沼气系统安全运行

在户用沼气系统发酵、运行和使用中，必须了解和掌握安全发酵、安全运行、安全使用常识。否则，可能会引发事故，造成不必要的损失。因此，通过各种途径加强沼气系统安全管理和使用常识的宣传与普及，提高用户安全操作水平，是非常重要而且是必要的。

一、安全发酵

（1）各种剧毒农药，特别是有机杀菌剂、杀虫剂以及抗生素等，喷洒了农药的作物茎叶、刚消过毒的禽畜粪便，能做土农药的各种植物、重金属化合物、盐类等都不能进入沼气池，以防沼气发酵微生物中毒而停止产气。如果发生这种情况，应将池内发酵料液取出 1/2，补充 1/2 新料，使之正常产气。

（2）加入的秸秆和青杂草过多时，应同时加入部分草木灰或石灰水和接种物，防止产酸过多，使 pH 下降到 6.5 以下而发生酸中毒，导致甲烷含量减少甚至停止产气。

（3）防止碱中毒。加入过多的碱性物质，如石灰等，使料液 pH 超过 8.5，沼气发酵会被抑制。

（4）防止氨中毒。加入过多含氮量高的人、畜粪便，使发酵料液浓度过大，接种物少，氨态氮浓度过高会引起氨中毒现象。中毒现象与碱中毒相同，均表现出强烈的抑制作用。

二、安全管理

1. 基本要求

（1）对用户和运行管理人员应进行经常性的沼气安全维护知识和基本技能培训，并制定应对突发事故的紧急预案。

（2）在"三结合"沼气池设施醒目位置设立禁火标志，严禁烟火和违章明火作业。

（3）维修病池时应先打开天窗口，用专用出料机械在池外出完料，强制通风 24 小时后，进行活禽试验，确保池内无有害气体后，方可进入。入池维修时，池外应有人进行安全保护。

2. 日常维护

（1）新建沼气池经水密性和气密性检验合格后，应及时装料启动发酵，切忌空池曝晒。

（2）沼气池运行中，应定期补充天窗口水封圈内的水，防止密封胶泥干裂出现漏气。

（3）沼气开关使用半年后，应在旋塞上加黄油密封和润滑，若旋塞磨损，不能与螺母密合，应及时更换。

（4）经常检查管道接头，若发现松动，应及时紧固。不合格的老化管道，应及时更换。

（5）应定期排除集水器中的冷凝水，排水时应防止沼气泄露，排水完毕应及时将接口密封。

（6）脱硫器使用3～4个月后，应对脱硫剂进行再生，再生两次后应更换脱硫剂。

3. 换料维护

（1）正在使用沼气时，不宜进行快速出料，避免出现负压引起回火爆炸。

（2）沼气池大换料时，应随出随进，及时补料、封池、启动，切忌敞口、空置、曝晒，以防贮气室干裂和漏气；应避免机械或工具对天窗口造成机械损伤，导致重新启动后漏气；应将脱硫器上的开关关闭，防止空气通过脱硫剂引起高温，烧坏脱硫器。

（3）沼气池大换料后，应对池壁和贮气室密封性进行养护，确保重新启动后不漏气。

4. 安全操作

（1）沼气池水压间、出料间、贮肥间应加盖强度充足的钢筋混凝土盖板，防止人、畜掉进池内伤亡。

（2）沼气灶不应安置在卧室和堆放柴草、木制家具等易燃物品旁边使用。

（3）要经常观察压力表水柱的变化。当沼气池产气旺盛，池内压力过大时，要立即用气、放气或从水压间放出部分料液，以防胀坏气箱，冲开池盖，冲掉压力表水封，造成事故。如果池盖已经被冲开，需立即熄灭附近的烟火，以免引起火灾。

（4）冬季，沼气池外露地面的部分要做好防寒防冻措施，以免冻裂，影响正常使用。

三、安全用气

沼气是一种易燃易爆的气体，燃点 537℃，比一氧化碳和氢气都低，一个火星就能点燃，而且燃烧温度很高，最高可达 1 400℃，并放出大量热量。在密闭状态下，空气中沼气含量达到 8.8%～24.42% 时，只要遇到火种，就会引起爆炸。因此，必须注意以下几点：

（1）沼气用具远离易燃物品。沼气灯和沼气炉不要放在柴草、衣物、蚊帐、木制家具等易燃物品附近，沼气灯的安装位置还应距离房顶远些，以防将顶棚烤着，引起火灾。

（2）必须采用火等气的点火方式。点沼气灯和沼气炉时，应先擦火柴，后打开开关，并立即将火柴头熄灭，避免先开开关，使沼气溢出过多，引起火灾或中毒。关闭时，要将开关拧紧，防止跑气。

（3）输气管路上必须安装压力表。产气正常的沼气池，应经常用气，夏、秋季产气快，每天晚上要将沼气烧完；因事离家几日，要在压力表安全瓶上端接一段输气管通往室外，使多余的沼气可以放掉。

（4）防止管道和附件漏气着火。经常检查输气管道、开关等是否漏气，如果管道、开关漏气，要立即更换或修理，以免发生火灾。不用气时，要关好开关。厨房要保持通风良好，空气清洁。如嗅到硫化氢味（臭鸡蛋味），特别是在密闭不通气的房间，人要立即离去，开门开窗，并切断气源，待室内无气味时，再检修漏气部位。

（5）严禁在导气管上试火。沼气池边严禁烟火，检查池子是否产气，应在距离沼气池 5 米以上的沼气炉具上点火试验，不可在导气管上点火，以防回火，引起池子爆炸。

（6）选用优质沼气用具。使用沼气灶和沼气灯时，要注意调节灶或灯上的空气进气孔，避免形成不完全燃烧。否则，不但浪费沼气，而且会产生一氧化碳，损害人体健康。

四、安全检修

沼气池是一个密闭容器，空气不流通，缺乏氧气。所产沼气的主要成分是甲烷、二氧化碳和一些对人体有毒害的气体如硫化氢、一氧化碳等。当空气中的甲烷浓度达到30％时，人吸入后，肺部血液得不到足够的氧气，造成神经系统的呼吸中枢抑制和麻痹，就会使人发生窒息性中毒；当甲烷浓度达到70％时，可使人窒息死亡。二氧化碳也是一种窒息性气体，当空气中的二氧化碳浓度达到3％～5％时，人就感到气喘、头晕、头痛；达到6％时，呼吸困难，引起窒息；达到10％时，就会不省人事，呼吸停止，引起死亡。由于二氧化碳比重较重，易积聚在池的底部，加之刚出料的沼气池内缺乏氧气，还可能残余少量的硫化氢、磷化三氢等剧毒气体，所以，禁止人立即下池检查和维修。如果不注意，很容易发生事故。因此，必须采取安全措施，进行沼气池的维护。

（1）下池前必须做动物试验。进入老沼气池检修前，一定要揭开活动盖，将原料出到进料口和出料口以下，并设法向池内鼓风，促进空气流通；人下池前，必须把青蛙、兔子、鸡等小动物放入池内约20分钟，若反应正常，人方可下池。否则，要加强鼓风，直至试验动物活动正常时，人才能下池。

（2）做好防护工作。进入沼气池检修，池外要有专人守护。入池人员如感到头昏、发闷、不舒服，要马上离开池内，到空气流通的地方休息。发生意外时，应立即拉绳救出，严禁单人下池操作。

（3）池内严禁明火照明。清除池内沉渣或下池检修沼气池时，不得携带明火和点燃的香烟，以防点燃池中沼气，引起火灾，如需照明，可用手电筒或电灯。

第四节　户用沼气系统故障防除

一、沼气发酵系统故障防除

(一) 启动后不产气

启动是沼气发酵工艺中的一个最重要的环节，对于连续和半连续发酵工艺来说，其意义就更为重要。启动一旦失败，整个发酵过程就无法进行；相反，启动一旦成功，运行过程一般不会出现问题。但启动失败或启动效果不好是沼气发酵中常会遇到的问题，究其原因，有以下几点。

1. 温度过低

在我国农村，特别是北方农村，冬季和初春沼气池一般不能启动，其主要原因是温度太低。据测定，我国南方地区，冬季水压式沼气池内的温度大都在 15℃ 以下，北方就更低了。这样的温度，微生物的代谢能力极弱，很难形成能正常代谢的沼气发酵微生物群体，因此这时向沼气池内投料无法启动。根据这一特点，采用自然温度进行沼气发酵的工艺，不能安排在冬季和初春季节启动。安排启动的时间应掌握在向池内投料、加水封池之后，池温仍能高于 15℃ 的季节，如果投料后才发现因池温低而不能启动，可向池内增投一些质量好的接种物和马粪、粉碎秸秆等易发热的原料，并将水加热到 30～40℃ 后加入池内，以补充池内温度。大多数地区，池温迅速回升到 15℃ 以上的季节是每年的 4 月。为了保证沼气池冬季也能产生沼气，秋季大换料的启动一般安排在 11 月中旬以前完成，这样入冬时正常的微生物体系已基本形成，沼气池便可继续产气。

2. 未加接种物或接种物太少

接种物中含有大量的沼气发酵微生物，加入它就是给沼气池加入了产生沼气的微生物菌群，显然这是任何沼气发酵工艺都必不可少的。但是有的农户不懂这个道理，在投料时只向沼气池加入原料和水，结果无法启动；有的农户虽向沼气池加入了接种物，但是数量太少，质量不好，结果加入沼气池的微生物不足，仍不能正常启动。为了避免启动失败，在投料时必须按发酵工艺的要求，向沼气池内投入质量较好、数量足够的接种物。

3. 原料酸碱度失衡

当沼气池内酸碱度过低时，微生物不能正常活动，发酵也不能启动。造成酸碱度过低的原因有沼气池温度较低，接种物质量差或数量少，秸秆原料没有进行堆沤处理、产酸太快，投料浓度过高等。料液酸碱度过低，表现在水压间的料液发黄，有一股特殊的酸味，液面有一层白的薄膜。此时用酸碱度计测定，pH 大多在 6.5 以下。遇到这种情况，最简单的解决办法是：取出部分料液，补加一些接种物。另外用草木灰、石灰水或氨水将 pH 调到接近 7.0 也有效果，但是若料液中的挥发性脂肪酸浓度已经达到抑制水平以上，调节酸碱度效果不大，启动仍不能顺利完成。采取加水稀释料液的办法来调节酸碱度效果不大，因为酸碱度是氢离子浓度的负对数，加少量的水无法使酸碱度升高。

4. 原料混入有毒物质

原料或水中混入农药等有毒物质后，会毒杀沼气池中的沼气发酵微生物，使发酵启动失败，此时除换料并重新启动之外别无他法。

户用沼气池，只要按照发酵工艺要求，启动一般是不会失败的。一些处理特殊废水的大、中型沼气工程，启动要求要复杂得多，花的时间甚至长达数月，通常需用仪器监测启动情况并由设计单位来完成启动。

（二）发酵中断后的恢复

启动后，正常运行的发酵装置，发酵一般是不会中断的，但有时也会遇到一些意外因素使发酵中断。这些意外因素有：a.

一次加料太多或者料液浓度突然增大，也就是说沼气池受到承力冲击和有机负荷冲击，当这些冲击超过微生物的承受能力，则发酵失败，采用恒温、连续发酵工艺的大中型沼气工程可能出现这种情况；b. 温度突然升高或下降；c. 料液中出现了未曾预料的组分使料液突然变酸、变碱或变成对微生物有毒的物质等。

　　一旦发现发酵中断或受阻，首先应查明原因，再采取相应措施。第一，如果是超负荷引起的发酵中断，则应立即停止加料，让微生物逐步恢复代谢功能，然后逐步增加负荷，使其达到正常运转。调节到正常运转所需的时间决定于受到冲击的强度和延续时间以及恢复的措施。如果经调节仍不能恢复正常运转，只有重新启动。第二，温度突然变化引起的发酵中断，只要温度变化的时间不长，一旦其恢复正常，发酵一般也可以恢复正常。第三，料液酸碱度变化而引起的发酵中断，如果这种变化仅是暂时的，一般可以逐步恢复正常。如果这种变化是长期的，则应重新确定发酵参数并采取相应措施，如调酸碱度等。如果料液中的有毒物质是因生产工艺改变而引起的，则应重新驯化菌种，使其适应这种有毒物质或降解它们。通过驯化适应，菌种对某些有毒物质的承受力能成倍提高。

　　农村水压式沼气池正常启动之后，一般不会发生发酵中断现象。如果是突然加料过多使发酵受阻，可以停止加料并补充一些接种物，使其恢复正常。由农药或其他有毒物质引起的发酵中断，则应换料，重新启动。需要注意的是，使用鸡粪、人粪为原料而又采用半连续或批量发酵工艺的沼气池，常常出现初期就不正常产气，或初期产气好、以后逐渐失效的现象。前者是启动不能正常，后者则是虽然启动正常，但由于鸡粪和人粪在沼气发酵过程中能产生一些有毒物质，如不能及时排走，它们会逐渐积累，使微生物逐渐中毒，引起整个发酵逐渐失效。遇到这种情况，一是采用补加接种物的办法，使发酵恢复正常；二是改半连续发酵为连续发酵，并采用适宜的进料浓度、水力滞留期及发酵温度。

(三)结壳的防除

水压式沼气池经常出现结壳现象，影响正常发酵和产气。为了防止出现结壳，除增加搅拌设施外，还可以采取一些辅助办法来减少结壳的影响。这些办法常用的有：

(1)使用秸秆原料时，预先进行粉碎和堆沤处理。

(2)粪便入池之前尽量混合均匀。

(3)利用旋流布料自动破壳装置自动破壳。

(4)用出料活塞强制循环池内料液，达到破壳的目的。

实践表明，使用粪草混合原料进行湿发酵时，即使设置搅拌装置也难以完全防止结壳，对于完全以粪便为原料的沼气池，增加简易搅拌设施，可以达到混合原料和消除结壳的目的。

二、沼气输配系统故障防除

(一)压力损失增大

压力损失增大的表现、原因和排除方法如下：

(1)当打开开关时，室内压力计上的水柱比测验时下降较多，关上开关后水柱又回升原位；同样高水柱的沼气，却没有原来火力大。出现这种现象，即说明输配系统压力损失已明显增大。其原因有：输气管路或开关、接头等附件被部分阻塞；输气管道被压扁，因而阻力增大，输气不畅。遇到这种情况，应疏通管路，复原管径，减小输气压力损失。如果是因为更换管道、开关和接头等附件时，选用了比原来管径小的管道和附件，选用比原来孔径小的开关，加长了输气管道，而造成压力损失增大，则应按照原来的管径和输气长度重新更换输气管和附件，按原来的孔径重新更换开关。

(2)当打开开关时，压力计上的水柱跳动，点燃沼气后火力时强时弱，灯光忽明忽暗。出现这种现象，即说明输气管路积水，形成水阻，影响沼气畅通。这时，应用打气筒向管内打气，或用其他方法，排除管内积水。同时检查凝水器有何故障，加以排除，使其正常发挥排水作用。

（二）系统漏气

关闭压力计后的开关，池子正常产气时，压力计上的水柱跳动，忽高忽低。出现这种现象，即说明输配系统某部分漏气。这时，应对输气管道逐段检查，对附件和开关逐个检查，直至查出漏气处。如果输气管道为塑料软管，可采用下述检查方法：从导气管开始，分段捏紧输气管，捏紧一段观察一次压力计，如水柱继续下降，说明漏洞还在前面。如水柱不再下降，则说明漏洞在捏紧处前面一段。如果输气管道为硬质塑料管，则可在管道及附件、开关上刷肥皂水，冒泡处即为漏洞（软管也可采用这一办法）。查出漏洞以后，可分情况处理：管道漏气，可剪去漏气一段，更换好管，若暂时无管可换，可用胶布包扎，作为应急处理；开关和三通等附件漏气，应修复或更换；管道接头漏气，应重新接好接头。如系统漏气较小，一时又未查明原因，为减少漏气损失，可在靠导气管处临时加装一个总阀门，用气时开启，用完后关闭，当查明原因，排除漏气后，拆除总阀门。

（三）日常维护

对于沼气输配系统的管理，不能单纯依靠发生故障后再去排除，而应加强日常维护，尽量减少故障发生。日常维护包括以下内容：

（1）每年对输配系统进行一次气密性检验，检验方法与验收时一样，如有漏气现象，加以排除。

（2）开关使用半年左右，应在旋塞上加黄油密封和润滑；如旋塞磨损，不能与螺母密合，应进行更换。

（3）定期排除凝水器中的冷凝水。

（4）经常检查管道接头，若发现松弛，重新接好；不合格的老化管段，要重新更换。

（5）脱硫器使用半年左右，应对脱硫剂进行再生。

三、沼气燃具故障判断与排除

（一）沼气灶故障及排除方法

在农村户用沼气系统中，普遍使用的沼气灶是压电陶瓷火花点火或电脉冲火花点火不锈钢单眼灶和双眼灶，其常见故障及排除方法见表6-2。

表6-2　沼气灶故障及排除方法

故障现象	主要原因	排除方法
漏气	1. 配气管路或接灶管连接不紧； 2. 塑料管年久老化，出现裂纹； 3. 阀芯与阀件间密封不好	1. 将接头拧紧； 2. 更换新管； 3. 涂密封脂或更换阀
回火	1. 火盖与燃烧器头部配合不好； 2. 风门开度过大，一次空气量太多； 3. 烹饪锅的位置过低，造成燃烧器头部过热； 4. 供气管路喷嘴堵塞； 5. 环境风速过大	1. 调整或更换火盖； 2. 调整风门； 3. 调高烹饪锅位置； 4. 清除堵塞物； 5. 调整门窗开度及换气扇转速
离焰脱火	1. 风门开度过大，环境风速度过大； 2. 喷嘴孔径过大； 3. 火孔堵塞； 4. 供气压力过高	1. 调整风门，控制环境风速； 2. 缩小喷嘴孔径或更换喷嘴； 3. 疏通火孔； 4. 关小阀门
黄焰	1. 风门开度太小； 2. 二次空气供给不足； 3. 引射器内有脏物； 4. 喷嘴与引射器喉管不对中； 5. 喷嘴孔过大； 6. 锅支架过低	1. 开大风门； 2. 清除燃烧器头部周围杂物； 3. 清除脏物； 4. 调整对中； 5. 缩小喷嘴孔径； 6. 调整或更换锅支架

（续）

故障现象	主要原因	排除方法
自动点火 不着	1. 小火喷嘴或输气管堵塞； 2. 小火燃烧器与主燃烧器的相对位置不合适； 3. 一次空气量过大； 4. 火孔内有水； 5. 点火器电极或绝缘子太脏； 6. 导线与电极接触不良或失效； 7. 脉冲点火器的电路或元器件损坏； 8. 压电陶瓷接触不良或失效； 9. 打火电极间距离不当； 10. 打火电极没对准小火出火孔； 11. 未装电池或电池失效（脉冲点火）	1. 清除堵塞物； 2. 调整小火燃烧器位置； 3. 调小风门； 4. 擦拭干； 5. 用干布擦净； 6. 调整或更换； 7. 请专业人员修理； 8. 调整或更换； 9. 调整； 10. 调试好； 11. 装入或更换电池
阀门旋转 不灵	1. 密封脂干燥； 2. 阀门内零部件损坏； 3. 阀门受热变形； 4. 阀芯锁母过紧； 5. 旋钮损坏或顶丝松动	1. 均匀涂密封脂； 2. 更换零部件或阀门； 3. 更换阀门； 4. 更换阀门； 5. 更换旋钮或紧固顶丝
连焰	1. 燃烧器加工质量差，火盖变形； 2. 火盖与燃烧器头接触不严密； 3. 在局部火孔处形成缝隙	1. 把火盖转动到适当的角度，使其不连焰； 2. 将两个相同负荷的燃烧器火盖互换； 3. 更换新火盖

（二）沼气灯故障及排除方法

目前使用的沼气灯的点火方式有人工点火和电脉冲点火两种，在使用过程中常见故障及排除方法见表6-3。

表 6-3 沼气灯故障及排除方法

故障现象	主要原因	排除方法
纱罩破裂、脱落	1. 耐火泥头破碎，中间有火孔； 2. 沼气压力过高； 3. 纱罩未装好，点火时受碰	1. 更换新泥头； 2. 控制灯前压力为额定压力； 3. 用玻璃罩防止蚊蝇扑撞
灯不亮、发红、无白光	1. 喷嘴孔径过小或堵塞； 2. 喷嘴过大，一次空气量不足； 3. 进风孔未调整好； 4. 纱罩质量不佳，规格不匹配或受潮	1. 清洗喷嘴、加大沼气流量； 2. 加大进风量； 3. 重新调整进风孔； 4. 更换新纱罩，选用匹配的纱罩
纱罩外有明火	1. 沼气量流过大； 2. 一次空气进风量不足	1. 关小进气阀，降低沼气压力，更换小喷嘴； 2. 调节一次进风孔
灯光由正常变弱，沼气不通	1. 沼气压力降低，供气量减少； 2. 喷嘴堵塞； 3. 有漏气点	1. 加大进气阀门； 2. 疏通喷嘴； 3. 找出漏气点并堵漏
灯光忽明忽暗	1. 燃烧器设计、加工不好，燃烧不稳定； 2. 管道内有积水	1. 采用热稳定性好的玻璃罩； 2. 清除管道内积水和污垢
玻璃罩破裂	1. 玻璃罩本身热稳定性不好； 2. 纱罩破裂，高温热烟气冲击； 3. 沼气压力过高	1. 采用热稳定性好的玻璃罩； 2. 及时更换损坏的纱罩； 3. 控制沼气灯的压力不要过高
装玻璃罩后灯光发暗	1. 玻璃罩透光性不好； 2. 玻璃罩上有气泡、结石、不熔沙粒	1. 选用质量合格的玻璃罩； 2. 选购时应进行检查
电脉冲点火不着	1. 导线与电极接触不良或烧坏； 2. 未装电池或电池失效； 3. 脉冲电路或元件损坏	1. 调整或更换； 2. 装入或更换电池； 3. 请专业人员修理或更换

（三）沼气热水器故障及排除方法

沼气热水器一般由水供应系统、燃气供应系统、热交换系统、烟气排除系统和安全控制系统五个部分组成。在户用沼气工程中，多采用后制式沼气热水器，其常见故障及排除方法见表 6 - 4。

表 6 - 4　沼气热水器常见故障及排除方法

故障现象	主要原因	排除方法
点不着火	1. 燃气总阀未打开； 2. 管内有残余空气； 3. 燃气压力过低或过高； 4. 常明火喷嘴堵塞； 5. 点火开关揿压时间过短； 6. 供气胶管曲折或龟裂	1. 打开燃气阀； 2. 待片刻后再点火； 3. 调节压力或报修； 4. 清除堵塞物或报修； 5. 延长揿压时间； 6. 调整或更换
打开热水阀而无热水，或只有冷水	1. 未开冷水阀； 2. 进水滤网堵塞； 3. 水压过低； 4. 主燃烧器未点燃； 5. 常明火熄灭	1. 打开冷水阀； 2. 清扫滤网； 3. 暂停使用； 4. 检查燃气阀是否旋至全开位置； 5. 点燃常明火
自动点火或不动作	1. 干电池用完； 2. 放电极间距离不合适； 3. 放电极头部受潮； 4. 线路或元件损坏	1. 更换干电池； 2. 调整距离； 3. 擦干； 4. 更换或报修
主燃烧器火焰不稳或发黄	热交换器翅片排烟腔局部堵塞	清除堵塞物或报修
自来水关闭后主燃烧器不熄灭	水—气联动装置失灵	报修

（续）

故障现象	主要原因	排除方法
主燃烧器火突然熄灭	1. 水压太低； 2. 室内缺氧（当有缺氧保护装置时）； 3. 风吹灭； 4. 供气停止	1. 检查水源压力； 2. 迅速打开门窗通风后再使用； 3. 重新点火； 4. 找出原因恢复供气
排风扇不转	1. 电源保险丝熔断； 2. 水—气联动阀损坏； 3. 电子联动器损坏； 4. 排气电机烧毁	1. 更换保险丝； 2. 报修； 3. 报修； 4. 报修
水温不稳定或水温调节失灵	燃气压力不足或停气	开大燃气阀或恢复供气

第七章　户用沼气综合利用

沼气是一种混合气体，除含有甲烷和二氧化碳外，还含有少量的一氧化碳、氢气、氨气、硫化氢、氧气和氮气等。沼气作为优质气体燃料，除可用于煮饭、照明外，还可广泛用于发电、孵鸡、育蚕、烘干、粮果贮藏、二氧化碳施肥等生产领域。

第一节　沼气炊事与照明

农村家用沼气池所产生的沼气主要用于炒菜、煮饭和照明。要使沼气充分燃烧，满足生活用能要求，必须学会正确使用沼气灶具和灯具。

一、沼气灶具的使用

（一）沼气灶具的构造

沼气灶分电子点火型和人工点火型，属于大气式灶具，主要由喷嘴、调风板、引射器、头部等部分组成，其结构如图7-1所示。

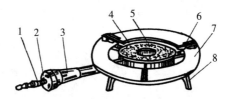

图7-1　人工点火型沼气灶
1.喷嘴　2.调风板　3.引射器　4.头部　5.喷火孔
6.锅支架　7.炉盘　8.脚撑

1. 喷嘴

喷嘴是控制沼气流量（即负荷），并将沼气的压能转化为动能的关键部件。一般采用金属材料（最好是铜）制成。喷嘴的形状和尺寸大小，直接影响沼气的燃烧效果，也关系到吸入一次空气量的多少。喷嘴直径与燃烧炉具的热负荷、压力等因素有关，家用沼气炉具的喷嘴孔径，一般控制在2.5毫米左右。喷嘴管的内径应大于喷孔直径的3倍，这样才能使沼气在通过喷嘴时，有较快的流速。喷嘴管内壁要光滑均匀，喷气孔口要正，不能偏斜。

2. 调风板

一般安装在喷嘴和引射器的喇叭口的位置上，用来调节一次空气量的大小。当沼气热值或者炉前压力较高时，要尽量把调风板开大，使沼气能够完全和稳定地燃烧。

3. 引射器

引射器由吸入口、直管、扩散管三部分构成。三者尺寸比例，以直管的内径为基准值，直管内径又根据喷嘴的大小及沼气—空气的混合比来确定。前段吸入口的作用是减少空气进入时的阻力，通常做成喇叭形；中间直管的作用是使沼气和空气混合均匀；扩散管的作用是对直管造成一定的抽力，以便吸入燃烧时需要的空气。扩散管的长度一般为直管内径的3倍左右，扩散角度为8°左右。初次使用沼气炉具之前，应认真检查一下引射器，如果里面有铁屑或其他东西堵塞，应及时清除。

4. 头部

灶具头部是沼气炉具的主要部位，它由气体混合室、喷火孔、火盖、炉盘四部分构成，其作用是将混合气通过喷火孔均匀地送入炉膛燃烧。头部的截面积应比燃烧孔总面积大2.5倍，燃烧孔的截面积之和是喷嘴孔面积的100～300倍，孔深应为其直径的2～3倍。支撑头部的部位称为炉座，炉座高度对提高充分利用沼气燃烧时的最高温度、提高燃烧效率有着举足轻重的作用。因此，一定要认真调试，使其保持在最佳高度。

（二）沼气灶具的工作原理

沼气由导气管送至喷嘴，具有一定压力的沼气从喷嘴喷出时，借助自身的能量，通过引射器吸入空气。在前进中，沼气与空气进行充分混合，然后由头部小孔逸出，进行燃烧。一次空气量的多少，可通过调风板来控制。

家用沼气灶国家标准灶前压力为 800～1 600 帕，用量最多的是 800 帕的沼气灶。选购沼气灶具时，要选择符合国家标准的，经过专家技术鉴定的优良产品。

（三）沼气灶具的使用方法

1. 电子点火型沼气灶的使用方法

将沼气灶接通气源，检查各接头是否漏气。使用时，先把开关向里压，然后逆时针转动，听到"咔嚓"一声点火声，灶具已点着火，当开关旋钮转到 90°时，燃烧器的火焰处于最大负荷状态，逆时针转到 180°火焰处于最小负荷状态。燃烧时若发现黄烟、火焰无力等现象，可以调节风门板，当火焰呈蓝色，直观外焰和内焰火有明显区别，并发出低沉的呼呼声为最佳运行状态。炊事完毕，把气源开关关闭，然后再把灶具开关转到原来位置上。灶具使用后要用软布擦净，保持清洁美观，支锅架和火孔板可取下来清洗，放回时注意密合。

2. 人工点火型沼气灶的使用方法

使用时，若沼气压力大，阀门要关小；若沼气压力小，阀门要开大。不宜超压运行，这样火太大跑出锅外，浪费热能。正常工作时，风门要开足，除脱火、回火或个别情况需要暂时关小风门外，其余时间应开足风门，否则，燃烧不完全，火焰温度低，既浪费沼气，又增加烟气中一氧化碳含量，污染环境。当火焰燃烧不正常，不能形成蓝色、短而有力的火焰时，可稍转动喷嘴，调至产生短而有力的蓝色火焰为止。特别是新购置的灶具，必须经过试烧后，再固定喷嘴位置。当沼气灶具放在灶膛内使用时，沼气灶应打成保温灶，锅底至火孔的距离约为 15 毫米，过高或过低都将影响热能的利用。沼气灶使用一段时间以后，头部火孔应清洗，使其保持原火孔的大小。否则，将影响空气的供给。

（四）提高沼气灶燃烧效果的方法

1. 用开关来控制灶前压力

大多数水压式沼气池的特点是，产气时池压升高，用气时池压降低。池压的变化使得用气的整个过程中，灶前压力都在波动。这就要用开关来控制。一般来说，使用压力高于灶具的设计压力，热效率就低。户用沼气灶用开关调节灶前压力，热效率能达到 60.1％；不用开关调节的，热效率只有 57％。因此，无论使用哪一种灶具，都要把灶前压力尽量调节到设计压力才好。

2. 学会使用调节板

沼气燃烧时需 5～6 倍的空气。沼气的热值会随着沼气池里加料的种类、时间和温度不同而起变化。调风板就是为了适应这种不断变化的状况而设计的。根据沼气成分和压力变化的情况，使用调风板调节进风量大小，以使沼气完全燃烧，从而获得比较高的热效率。

调风板开得太大，空气过多，火焰根部容易离开火焰孔。这会降低火焰的温度。同时过多的烟气又会带走一部分热量，因此热效率下降。不少农户，习惯使用烧柴时所见到的长火焰，以为这种火焰最旺，于是往往把调风板开得很大。实际上这种火的温度很低，还会产生过量的一氧化碳，对人体有害。北京市公共事业科学研究所曾经做过这样的试验，用 30 厘米的铝锅，盛 4.5 千克水，从 30℃烧到 90℃，按照农户平时的点火习惯，需要 23 分 15 秒，热效率是 51.9％；如果使用调节板进行调节，使火焰内焰呈蓝绿色，只需要 16 分 1 秒，热效率达到 66.4％。热效率相差 15.5％。这再次说明学会使用调节板的重要性。

3. 合理使用炉膛

目前大部分农户使用沼气，是把灶具放在砖砌的炉膛中。燃烧所放出的热量一部分被锅底吸收，另一部分被砖砌炉壁吸收，其余的随着烟气散走。如果做饭时间比较长，炉壁经过加热，与沼气达到了热平衡。这时候继续使用沼气，灶具的热效率就会提高，而且加热时间越长，热效率越高。相反，如果做饭时间比较短，把灶具放在灶台上，比放在炉膛里的热能利用率高。

如果把灶具放在炉膛里，炉膛直径应比常用的锅的外径大4~5毫米。或在炉膛内壁中砌几个沟槽，以便燃烧后的烟气能够通畅地排出去。目前农户使用的炉膛，有的尺寸不合适，烟气不好排出去，难以补充二次空气，因而沼气不能完全燃烧，火焰就会发飘，甚至从炉口蹿出去。

4. 加锅圈

把灶具放在灶台上使用，可以在灶具和锅的外面加一个锅圈。这不仅防止风把火吹灭，也能够提高热量的利用率。例如，把一个直径 380 毫米、高 200 毫米的锅圈，套在 240 毫米的铝锅外面，在同样条件下使用，有锅圈比没有锅圈的热效率提高 3%左右。这是因为有了锅圈，热烟气能够充分与锅壁接触。另外，锅圈被加热后，又会有部分热能辐射给铝锅，从而提高了灶具的热效率。如果锅圈是陶土或耐火泥的，其效果更好。

5. 使用好锅支架

由于锅大小规格不一样，有的锅底离燃烧器头部很近，就会产生压火现象。有的锅底离燃烧器头部很远，这也使热效率降低。因此，要正确使用支架，使燃烧器头部与锅底有一个适当的距离。

6. 合理用火

用大锅的时候，可以把火点旺一些；用小锅的时候，就要把火调小一些。这是由于灶具的热量大，小锅底受热面积小，沼气燃烧所放出的热量不能完全被锅底吸收，因此热效率低。

二、沼气灯的使用

沼气灯是把沼气的化学能转变为光能的一种燃烧装置。它和沼气灶具一样，是广大农村沼气用户重要的沼气用具。特别是在偏僻、边远无电力供应的地区，用沼气进行照明，其优越性尤为显著。

（一）沼气灯的结构和工作原理

沼气灯实际上是一种大气式燃烧器，分吊式和座式两种，由喷嘴、引射器、泥头、纱罩、聚光罩、玻璃灯罩等主要部件组成。

沼气灯各部件的材质、作用及沼气灯的工作原理见第四章第三节的相关内容。

（二）沼气灯的使用方法

（1）新灯使用前，应不安纱罩进行试烧，如火苗呈淡蓝色，短而有力，均匀地从泥头孔中喷出，呼呼发响，火焰不离泥头燃烧，无脱火、回火等现象，表明灯的性能好，即可关闭沼气阀门，待泥头冷却后安上纱罩。

（2）新纱罩初次点燃时，要求有较高的沼气压力，以便有足够的气量将纱罩烧成球形。已燃烧发好的纱罩，点灯时，启动压力应徐徐上升，以免冲破纱罩。

（3）点灯时应先点火后开气，待压力升至一定高度，燃烧稳定、亮度正常后，为节约沼气，可调节开关，稍降压力，其亮度仍可不变。灯若久燃还不亮，可反复调整一次空气量，用嘴吹纱罩，可使燃烧正常，灯光发白。

第二节　沼气供热与烘干

一、沼气升温育秧

温室育秧是解决水稻提早栽秧问题，促进水稻早熟高产的一项技术措施。目前，多数温室都是用煤炭或薪柴作升温燃料，因此，每年育秧要耗费大量的煤炭或薪柴，育秧成本较高。利用沼气作为育秧温室的升温燃料培育水稻秧苗是沼气综合利用的一项新技术，设备简单、操作方便、成本低廉、易于控温，不烂种、发芽快、出苗整齐、成秧率高，易于推广。

（一）沼气育秧棚的类型和建造

1. 单层薄膜育秧棚

选择背风向阳的地方，用竹子和塑料薄膜搭成育秧棚。棚内用竹竿或木条做成秧架，底层距离地面 30 厘米，其余各层秧架间隔均为 20 厘米。在架上放置用竹笆或苇席做成的秧床。在棚内一侧的地面上，砌筑一个简易沼气灶，灶膛两侧的中上部位，分别安装一根打通了节的竹管，从灶内伸出棚外，以排除沼气燃烧时的废气。灶内放沼气炉，灶上放一口锅。在秧棚另一侧的塑料薄膜上，开一个小窗，以便用喷雾器从窗口向秧床上喷水保湿。小窗用时揭开，不用时关闭。

2. 双层薄膜育秧棚

双层薄膜育秧棚是在单层薄膜育秧棚外面再加一层塑料薄膜而构成。两层薄膜之间相距 0.4 米，以便利用其间的热空气给秧棚保温。内层育秧棚的制作方法和育秧技术要求与单层薄膜育秧棚基本相同，所不同的，只是在秧棚正中一侧的地面上砌筑一个简易沼气灶，灶上安放一口铝锅，锅口与地面水平，锅沿与灶沿吻合，灶内放入沼气炉，沼气灶口位于秧棚之外，以使沼气燃烧时产生的废气不进入秧棚内。采用双层薄膜育秧，不仅育秧初期升温快，而且对稳定夜间育秧棚温具有良好的效果，同时比单层薄膜育秧棚节省沼气 20%～30%。

3. 移动式小型育秧棚

所谓移动式小型育秧棚，是坐落在两条长木凳上的沼气育秧棚。它适用于稻种用量少的农户。根据稻种播量的多少设计秧棚，在秧棚中部的对角两端各挂一支温度计。在两条长木凳上，铺一层略大于秧棚底面积的厚型包装箱纸板，在纸板中部剪一个圆孔，孔径大小以恰能放入一个铝锅为宜。纸板上面平铺一层塑料薄膜，以免纸板因浸水变软。在纸板的圆孔中放入一口铝锅，锅底与沼气炉的支爪相接触。在锅上加盖，盖与锅之间留空隙，以利于水蒸气和热量均匀扩散。在纸板留孔正对上方的塑料薄膜上开一个小窗，以便向锅内添加开水和上下调换秧床位置。由于整个秧棚坐落在两条长木凳上，白天气温高时，可把秧棚抬出屋外晒太阳增温，傍晚把秧棚抬进屋内，用沼气升温。

（二）育秧方法

1. 浸种、催芽

培育早稻秧苗，最好先用沼液浸种。沼液浸种，一方面能增加种子的营养，促使其胚根、胚茎组织内的淀粉酶活化，提高发芽力；另一方面也可以增强种子的抗逆性，减少病害。浸种方法见第八章第二节的相关内容。

2. 温度调控

把已播上稻种的秧床放到秧架上，在秧棚内的两端各挂一支温度计，然后将与地面接触的塑料薄膜边沿用泥沙土压实。向锅内倒满热水，点燃沼气炉，关闭小窗口。出苗期要求控制好较高的温度和湿度，以保证出苗整齐。第一天，育秧棚内温度保持在35～38℃，第二天保持在32～35℃，每隔一定时间，向稻种上喷洒20～25℃的温水，并调换上下秧床的位置，使其受热均匀，还要随时注意向锅内添加开水，以防烧干。经过35～40小时，秧针可达2.7～3厘米，初生根开始盘结。第三天保持在30～32℃，湿度以秧苗叶尖挂露水而根部草纸上不渍水为宜。第四天保持在27～29℃。第五天后保持在24～26℃。当秧苗发育到2叶1心时，就可移出秧棚，栽入秧田进行寄秧。

（三）注意事项

（1）播种前对稻种进行精选、晾晒和消毒处理，以保证种子纯净、饱满、无病，为培育壮秧提供良好的条件。

（2）采用沼液浸种后，一定要用清水将稻种洗净，以防烂芽。

（3）育秧棚内的温度和湿度，不能过高或过低，温度第一天应达到 38℃，然后缓慢下降，到第五天时应保持在 25℃ 左右，这样可以避免稻种营养物质消耗过快，秧苗纤细瘦弱。同时，要始终保持稻种和草纸的湿润。

（4）根据稻种的播种量，确定育秧棚的大小。

（5）加强沼气池的管理，以保证育秧棚内正常使用沼气。

二、沼气供热孵鸡

沼气孵鸡是以燃烧沼气作为热源的一种孵化方法。它具有投资少、节约能源、减轻劳动、管理方便、出雏率和健雏率高等优点。

（一）沼气孵鸡的类型与设施

沼气孵鸡要选择通风、保温和光线好的孵化室。根据种蛋来源、沼气池产气量和操作方便的原则，因地制宜地确定沼气孵鸡的形式。沼气孵鸡的基本形式有：

1. 孵化室内配置孵化箱孵化

孵化室用砖砌墙，用水泥预制板盖顶，室内长 3.3 米，宽 3 米，高 2 米，可容 5 个孵化箱和一个保温炉。保温炉在室外点火，通过烟道向室内散热。孵化箱的箱框用薄木板或锯屑板做成双层，中间填木屑或废旧泡沫塑料保温。为便于操作和充分利用沼气燃烧的热能，一般孵化箱做成长 0.75 米、宽 0.70 米、高 1.60 米，箱的左右两侧开通气孔，每侧四排，每排 4 个，孔径 2 厘米。孵化箱分 14 层，每层间隔 5 厘米，每层放一只蛋盘，每只蛋盘长 0.65 米、宽 0.55 米，可装 140～160 个种蛋。箱内上、中、下各层各放一只温度计，箱门要绝热良好。水箱用白铁皮制成，安装在箱框的底层，水箱的一端有进出水管。沼气燃烧器安装在水箱的底下，可利用沼气灯的喷嘴、喷杆、泥头等组装而成。泥头燃烧孔多，可用胶泥将多余的孔封死，并用粗铁丝制成三脚架或用其他物件固定燃烧器，以便调整火焰高低，沼气燃烧器一般设 2～4 个火头，水箱上放 3～4 个水钵，以便加水保持湿度（图7-2）。

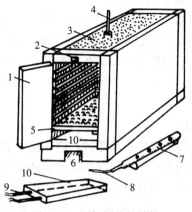

图7-2　沼气孵化箱结构

1.门　2.排湿孔　3.保温锯末　4.温度计　5.蛋盘　6.燃烧室
7.燃烧器　8.输气管　9.进、排水管　10.水箱

2. 沼气孵化灶孵化

用砖砌一个升温灶，灶上安放一口普通水缸，缸的下半部和升温灶的周围用木屑塞紧，以利于保温，并使水缸不晃动。水缸上平放一口铁锅，锅内放蛋（蛋装在尼龙网袋内，便于翻动，每袋15～20个），锅上覆盖旧棉絮保温。沼气炉放进保温灶内，向缸的底部加热升温。孵化时，向缸内加入提前预热到65～75℃的温水，加至离锅底7厘米左右。一般一个孵化灶一次可孵化种蛋400多个。

3. 立式圆柱形孵化箱孵化

孵化箱总高度1米，直径0.67米，下部用砖砌成底座，沼气炉安放在底座的中间，座上设置水箱和木质圆筒孵化箱。水箱用铁皮制成，上面开一个小孔，用于加水调温。孵化箱内的上端放一支干湿球温度计，以便观察箱内温、湿度。箱的表面钉一层旧棉絮用于保温。孵化箱为开启式，打开箱门可以放蛋、取蛋，关闭箱门可以保温。一般一次可孵蛋800个左右。

（二）沼气孵鸡的方法

1. 预热孵化箱，处理种蛋

先对孵化箱和种蛋进行消毒灭菌处理。如果气温低于 15℃，需点火预热。种蛋先用温水洗净，然后放入 35～40℃、0.1％的高锰酸钾溶液中浸泡消毒 10 分钟，待蛋皮水干后，按照大头朝上，小头朝下，装入蛋盘，以便雏鸡破壳，然后将蛋盘放入孵化箱架进行孵化。

2. 温度控制

温度是有机体生存的重要条件，它决定胚胎的生长发育和活力，只有在适宜的温度下，才能保证雏鸡胚胎正常的物质代谢和生长发育。在种蛋的孵化过程中，温度需由高到低变化。种蛋放入箱内孵化 1～5 天，箱内温度保持 40℃；孵化 6～10 天，保持 39℃，孵化 11～18 天，保持 38℃；孵化 18～21 天，温度控制在 37℃左右。开始孵化和孵化后期，应勤查、勤调。调节温度的方法是：开大或关小输气管道开关，调整火苗大小。温度高时，可向水箱内加换冷水，并打开通气孔和箱门散热，或者把蛋盘端出箱外适当凉蛋；温度低时，开大沼气开关，并给水箱加入温度较高的热水，同时尽时少开箱门。

3. 湿度控制

湿度对胚胎发育影响也很大，湿度不适宜将破坏胚胎的新陈代谢。湿度过高，会阻滞蛋中的水分向外蒸发并影响胚胎的发育，小鸡出壳后，腹部膨大，站立不稳，成活率低；湿度过小，则使蛋中的水分蒸发过量，胚胎发育超前，小鸡出壳后，体质瘦弱，难以成活。孵化前期，箱内的相对湿度应控制在 60％左右，孵化中期为 55％左右，孵化后期为 70％左右。调节湿度的方法为：湿度大时，减少水箱上面的水钵；湿度小时，可增加水箱上面的水钵。

4. 调蛋盘、翻蛋及检验

孵化初期，一般每隔 2 小时检查一次温度，4～6 小时调换一次蛋盘，调蛋盘采用上下、前后、左右对调，其目的是调节温度，促使箱内温度均匀，防止胚胎黏附在壳膜上，达到雏鸡出壳整齐。每隔 8 小时左右，将种蛋的角度略微倾斜，进行翻蛋。翻蛋可结合调盘进行，但不宜将种蛋倒置。孵化 5～6 天后，进行第一次照蛋，若明显看到眼点，且血管已占据蛋面的 4/5，说明种蛋发育正常，否则，为不正常，应将不合格种蛋拣出。孵化10～11 天后，进行第二次照蛋，可见到血管分布于整个蛋内，并在小头"合拢"，说明温度正常。如果"合拢"较早，说明温度偏高；如果"合拢"较晚，说明温度偏低，必须采取措施降温或升温，不然会影响出雏率和健雏率。孵化 17 天后，进行第三次照蛋，这时，除气室外是全黑的，称为"封门"。如果孵化 16天就"封门"，应降低温度，到 18～19 天时可喷一次水，促进雏鸡脱壳。正常情况下，21 天就可以出雏。蛋少时，可在箱内脱壳出雏；蛋多时，应在第十七天摊床出雏。

5. 雏鸡管理

雏鸡脱壳，其羽毛干后，分批装入垫有干稻草的筐内。夏季饲养 2～3 天后，就可将小鸡移出；冬季保持温度 20℃左右，饲养 20～30 天后，移出饲养。

（三）沼气孵鸡的优点和效益

1. 开发了新能源，加速了养鸡业的发展

孵化 1 000 个种蛋，平均每天消耗沼气 0.5 米³，一个孵化期（21 天）共耗气 12.6 米³ 左右，一口 6 米³ 的沼气池的产气量，夏天可供应 2 个容量为 1 000 个种蛋的孵化箱的能源，全年可孵化 2 万个种蛋以上。利用沼气孵鸡，是一项投资少、见效快，充分利用生物再生能源，增加农民经济收入，开创致富门路的好途径。

2. 省电节油，降低生产成本

用煤油孵化 2 万个种蛋，一般需耗油 210 千克，每千克按 1元计算，共开支 210 元；用电孵化 2 万个种蛋，一般需耗电

1 640千瓦时，每千瓦时电按0.25元计算，共开支410元。沼气孵鸡不需要花钱孵化2万个种蛋，可节省开支210~410元，节约了能源，降低了成本，提高了经济效益。

3. 减少污染，有利于保温和调温

用煤油灯孵鸡，一般会污染孵化箱，如管理不善，还会造成胚胎中毒，出现畸形雏鸡。若开窗通气，容易造成热量散失，不利于保温。用电孵鸡，会因停电而造成不必要的损失。利用沼气孵鸡，供热稳定，温度较易调节，有利于保持适宜的温度，而且无污染，不会造成胚胎中毒。

4. 沼气孵鸡孵化率和健雏率高

由于沼气孵鸡温度易于控制，所以，孵化箱内上下、左右温差一般只有±0.15℃，温度适宜，种蛋在孵化箱内受热均匀，故孵化率一般可达94％左右，健雏率可达90％。孵出的雏鸡体质好，成活率可达95％左右。

5. 设备简单，操作方便，便于推广

利用沼气孵鸡，调控温度只需将开关开大或关小，比煤油灯孵鸡、木炭孵鸡管理方便得多，孵鸡技术容易掌握，孵化箱设备简单，成本低廉，便于普及和推广。

三、沼气灯照明升温育雏鸡

初生雏鸡调节机能、觅食能力和对自然环境的适应能力较差。因此，要饲养好雏鸡，首先必须要有一个比较适宜的温度条件，以利于生长发育。

沼气灯具有亮度大、升温效果好、调控简单、成本低廉等优点。用沼气灯照明升温育雏鸡，能使雏鸡生长发育良好，成活率高。

沼气灯照明升温育雏鸡的方法是：利用农家的竹、木筐垫上干稻草育雏鸡，或选择一些废旧纸箱育雏鸡，其大小视雏鸡的饲养量而定。将沼气灯吊在育雏筐（箱）上方，其间距离0.65米

左右。若灯位太高，升温效果差；若灯位太低，会灼伤雏鸡。点燃沼气灯后，要控制好输气开关，并按照雏鸡的日龄进行调温。第一周龄的雏鸡，适宜 34～35℃ 的温度；第二周龄，温度应控制在 32～33℃；第三周龄，温度应控制在 28～30℃；第四周龄，温度应控制在 25℃ 左右；一个月后，雏鸡就可在室外活动了。对 1～2 日龄的雏鸡，应采用沼气灯 24 小时连续光照，随着雏鸡日龄增加，在保持一定温度要求的前提下，光照时间应逐渐缩短。

沼气灯照明升温育雏鸡的技术关键是及时按要求调节温度。温度对雏鸡生长是否适宜，也可以根据雏鸡的行动和神态来判断。如果雏鸡分散均匀，不聚集一堆，吃食活泼，表明温度适宜；若雏鸡密集聚堆，吱吱乱叫，表明温度过低；若雏鸡张口喘气，连连喝水，表明温度过高。一般调节温度应注意掌握以下原则：初期高一些，后期低一些；夜间高一些，白天低一些；体质弱的高一些，体质强的低一些。

用沼气灯照明升温育雏鸡还应注意以下问题：

（1）通风换气　沼气灯长时间燃烧，会产生一定量的废气，一般可在中午温度高时进行通风换气，并视雏鸡情况，让其在阳光下活动，呼吸新鲜空气，以增强雏鸡体质。

（2）精心喂养　出壳 24 小时后的雏鸡，可开始喂一些容易消化的饲料。可将饲料先弄碎，然后拌湿再喂，并让雏鸡尽快学会自由采食。3 天以后，每天喂食 5～6 次，以后喂食次数逐渐减少，并可配合喂一些 1％ 浓度的食盐水。

（3）防疫防病　及时接种鸡瘟疫苗，不喂发霉变质的饲料，育雏筐（箱）和鸡舍要保持清洁卫生。

四、沼气灯照明提高母鸡产蛋率

实践表明，利用沼气灯对产蛋母鸡进行人工光照，并合理地控制光照时间和光照度，能使母鸡新陈代谢旺盛，促进母鸡卵细胞的发育，使卵细胞成熟加快，达到多产蛋的目的。

用沼气灯对产蛋母鸡进行人工光照，在日落后或凌晨进行。一般是按每 10 米^2 的鸡舍点燃一盏沼气灯，每天的光照应定时进行。光照时间开始为 2～3 小时，以后可逐渐延长，但延长时间一次最多不超过 1 小时，每天的总光照时间（包括白天的自然光照时间），最长不能超过 16～17 小时，否则容易造成母鸡代谢机能紊乱，导致母鸡脱肛。一般应把最大光照时间（16～17 小时）安排在产蛋高峰期。同时，在整个产蛋期内，要保证母鸡的饲料营养。骨粉、鱼粉、小鱼虾、蚯蚓、昆虫和各种豆类、玉米、麦麸、米糠、菜叶、食盐饲料搭配饲喂，可促使母鸡多产蛋。

五、沼气加温养蚕

在春蚕和秋蚕饲养过程中，因气温偏低，需要提高蚕室温度，以满足家蚕生长发育。传统的方法是以木炭、煤作为加温燃料，一张蚕种一般需用煤 40～50 千克，其缺点是成本高，使用不便，温度不易控制，环境易污染。在同等条件下，利用沼气增温养蚕比传统饲养方法可提高产茧量和蚕茧等级，增加经济收入。

（一）沼气加温养蚕技术要领

（1）用木板或纸板做一个炕床，尺寸规格视蚕种量多少而定，炕床底部留一直径 20 厘米的圆孔，供放置沼气红外线炉用，炕床下面设一个高 30 厘米的木架子，炕床的四周用塑料薄膜封闭，衔接处要粘接好，顶上留一个小孔，放置温度计。

（2）在蚕房墙角处用塑料帐篷代替小蚕温室，将炕床放在里面，入种前将温度升高到 25℃ 左右，然后将蚕种均匀地铺放在炕床上，上面盖棉纸。

（3）加温前准备。首先将沼气管道、灯炉具拿入蚕室，并认真检查管道开关有无破损，蚕室必须严格消毒，而且其保温性能要好。

（4）加温方法。白天采用红外线沼气炉加温，晚上用沼气灯加温，沼气炉距离最近的蚕架应当在 0.8 米以上。炉子上可以做饭、烧水，这样有了蒸气，相应增加了温度和湿度，但绝不能炒菜。炉上不做饭、不烧水时应在炉盘上覆盖铁皮，一间 12 米^2 的蚕室只要一灯一炉即可。

（5）温度控制。一龄、二龄蚕温度控制在 26～27℃，相对湿度 75%～80%；五龄蚕温度控制在 23～25℃，相对湿度 60%～70%，并要经常通风。

（二）沼气加温养蚕的优点和效益

（1）用红外线沼气炉加温，增温快，无烟，无灰。

（2）炕床温度易控制，升温容易，保温均匀，出蚕蚁齐，发育整齐，体质强健，龄期缩短 2～3 天，小蚕长到二龄后即可转到炕床外的蚕房饲养。

（3）沼气加温养蚕可提高产茧量和优茧率。和煤球加温养蚕相比，产茧量增加 10%，每千克蚕茧售价高 0.54 元，全茧量高 0.03 克，茧层量高 0.05 克，茧层率高 0.9%。

（4）节约能源，降低成本，增加收入。

六、沼气烘干粮食和农副产品

利用沼气烘干粮食和农副产品，具有设备简单、操作方便、不产生烟尘、费省效宏等优点。

（一）烘干玉米

目前，我国农村的粮食干燥主要靠日晒，收获后如果遇到连日阴雨天气，往往造成霉烂。利用沼气烘干粮食，就可有效地解决这个问题。

1. 烘干办法

四川省农村的做法是：用竹子编织一个凹形烘笼，取 5～6 匹砖围成一个圆圈，作烘笼的座台。把沼气炉具放在座台正中，用一个铁皮盒倒扣在炉具上，铁皮盒离炉具火焰2～3厘米。然后把烘笼放在座台上，将湿玉米倒进烘笼内，点燃沼气炉，利用铁皮盒的辐射热烘笼内的玉米。烘一小时后，把玉米倒出来摊晾，以加快水蒸气散发。在摊晾第一笼玉米时，接着烘第二笼玉米；摊晾第二笼玉米时，又回过来烘第一笼玉米。每笼玉米反复烘2次，就能基本烘干，贮存不会发芽、霉烂；烘3次，可以粉碎磨面；烘4次，可以达到交公粮的干度。从现象观察，烘第一次时，烘笼冒出大量的水蒸气，烘笼外壁水珠直滴；烘第二次时，水蒸气减少，烘笼外壁已不滴水，但较湿润；烘第三次时，水蒸气微少，烘笼外壁湿润；烘第四次时，水蒸气全无，烘笼外壁干燥，手翻动玉米时，发出干燥声。

2. 沼气烘干的优点

（1）成本低，工效高。编一个竹烘笼，只需竹子15千克左右，成本10～20元，可使用几年。一个烘笼，一次可烘玉米90多千克，烘一天，相当于几床晒席在烈日下翻晒两天的工效。如用木炭烘干玉米，100千克玉米需木炭30千克，仅燃料费就要30～50元。

（2）操作简单、节省劳力。用沼气烘干玉米，只需一人操作，点燃沼气后，还可兼作其他事情，适合每家每户使用。

用沼气烘干花生、豆类的方法，与烘干玉米的方法类似。

3. 注意事项

（1）烘笼底部的突出部分不能编得太矮。若太矮，烘笼上部玉米或花生、豆类等堆放太厚，不易烘干。

（2）编织烘笼宜采用半湿半干的竹子，不宜用刚砍下的湿竹子。湿篾条编制的烘笼，烘干后缝隙扩大，玉米、豆类容易漏掉。

（3）准备留作种子用的玉米、花生、豆类等，不宜采用这种强制快速烘干法。

（二）烤制竹椅

四川省农村烤制竹椅的传统方式是：用薪柴、木炭或煤油等常规能源来烘烤竹子，制作竹椅。由于薪柴、木炭或煤油火力不易控制，污染严重，烘烤制作的竹椅成色难以保证，常被烟尘熏黑，影响外观。改用燃烧沼气烤制竹椅，既清洁卫生、操作方便，又节约常规能源，生产的竹椅无烟痕，无污染，光洁度和色泽都好，销售快，成为竹器市场上极有竞争能力的产品，促进了家庭副业的发展。

第三节　温室蔬菜沼气二氧化碳施肥

沼气中一般含有 25％～35％ 的二氧化碳和 50％～70％ 的甲烷。甲烷燃烧时又可产生大量的二氧化碳，同时释放出大量热量。一般来讲，燃烧 1 米^3 沼气可产生 0.975 米^3 二氧化碳。根据光合作用原理，在种植蔬菜的塑料大棚内燃点一定时间、一定数量的沼气，因棚内二氧化碳浓度增大和温度增高，可有效地促使蔬菜增产。

一、施肥原理

二氧化碳是作物进行光合作用的主要原料之一。二氧化碳施肥是蔬菜保护地栽培中增产效果极为显著的一项新技术，增产幅度一般都在 30％ 左右，尤其对于日光温室蔬菜的冬季生产，增产的效果更明显。

光合作用是蔬菜作物生产发育与产量形成的主要物质基础。绿色叶片把从空气中吸收的二氧化碳和从土壤中吸收的水，通过光合作用同化成有机化合物，并将太阳能转化为化学能储存其中。光合作用形成的有机化合物约占蔬菜作物总干重的 90％～95％（其中只有 5％～10％ 的物质，是由土壤及肥料提供的），而在蔬菜作物干重中占比重最大的碳和氧则主要是从二氧化碳中来的，由此可见，二氧化碳是蔬菜作物生长发育所需的重要因素之一。

外界大气中二氧化碳的浓度约为 0.03％（300 毫克/千克），一般变化不大。但在日光温室中，特别是冬季生产中，温室内二氧化碳浓度的变化比较大。早晨揭开草帘前，二氧化碳的浓度最高，一般超过 450 毫克/千克，比温室外大气中二氧化碳浓度高50％以上；揭开草帘之后，由于光合作用，温室内二氧化碳浓度迅速下降，中午降低到 85 毫克/千克，不足温室外大气中二氧化碳浓度的 1/3；到了下午，二氧化碳浓度还会下降；盖草帘后，二氧化碳浓度开始回升，到第二天早晨又达到 450 毫克/千克。由此可以看出，在中午前后温度和光照均达到高峰，应是光合作用的最佳时刻，但这时二氧化碳浓度却已降得很低，出现了明显的供需矛盾。二氧化碳浓度的不足，将直接影响蔬菜作物的生长和产量。在其他季节，可以通过通风来解决，但在寒冷的冬季，通风会导致温室内气温的下降，从而影响温室内蔬菜作物的生长。这时解决日光温室内二氧化碳不足的唯一办法，就是进行二氧化碳施肥。

实践证明，施用二氧化碳气肥的蔬菜植株生长健壮，叶绿素含量高，叶色深绿有光泽，开花早，雌花多，花果脱落少，而且嫩枝叶上冲有力，抗病性增强。否则，植株生长势差，叶色暗无光泽，开花晚，雌花少，花果脱落多，叶片低平、与主枝垂直或下垂，叶面出现斑点或凸凹不平或黄枯腐烂。

二、施肥调控技术

就蔬菜来说，其生长发育过程中以前期施用二氧化碳效果最好，施后对培育壮苗、缩短苗龄期都有良好效果。在保护地内定植的蔬菜，可在定植后 1 周左右，植株已经缓苗时施二氧化碳。对黄瓜、番茄等果菜类蔬菜，宜在雌花着生期、开花期、结果初期施二氧化碳，因为此期植株对二氧化碳的吸收量急剧增加，及时施用二氧化碳能够促进果实肥大。如若开花结果前过多过早地施用二氧化碳，会使茎叶繁茂，而果实产量无明显提高。

人工施用二氧化碳的浓度应根据蔬菜种类、光照度和温室内温度情况来定。一般在弱光低温和叶面积系数小时，采用较低的浓度；而在强光、高温、叶面积系数大时，宜采用较高浓度。蔬菜种类不同，所处生育期不同，肥水条件、环境条件不同，所需二氧化碳浓度也不同。苗期所需二氧化碳浓度低些，生长期则高些，大多数蔬菜生长期所需二氧化碳浓度为 1 000～1 500 毫克/千克。

二氧化碳施用的时间与光照度有关。在日光温室中，早晨揭开草帘后，随着光照度的逐渐增加，光合作用也逐渐加强，日光温室内二氧化碳浓度开始迅速下降，这时便可开始施放二氧化碳。这个时间一般在揭开草帘后 0.5～1 小时，具体讲，11 月至翌年 1 月为 9 时，1 月下旬至 2 月下旬为 8 时，3～4 月为 7 时；到了中午，虽然光照度未减，但因叶内的光合产物的积累，会导致光合作用强度的降低，此时可停止施用二氧化碳。

在植株叶面积系数较大的温室内，在需要长时间通风的情况下，应在日出后 30 分钟左右燃烧沼气或点沼气灯，平均施放二氧化碳的速度为每小时 0.5 米³ 左右，据此计算出不同体积温室增施各种浓度二氧化碳所需燃烧沼气的时间。一般采取断续施放的方法，每施放 10～15 分钟，间歇 20 分钟，在放风前 30 分钟停止施放。

三、作用与效能

（一）提高蔬菜的光合速率

利用 LI-6200 光合测定系统，测定黄瓜叶片在不同二氧化碳浓度时其光合速率有很大差异。在温度基本相同的情况下，光合有效辐射为 280～450 微摩尔/（米²·秒），二氧化碳浓度为 160 毫克/千克时，黄瓜叶片的净光合速率为 2.6 微摩尔/（米²·秒）；

当二氧化碳浓度瞬间提高到 800～900 毫克/千克时，净光合速率可达 13.98 微摩尔/（米^2·秒），后者是前者的 5.4 倍。在光合有效辐射为 800～1 000 微摩尔/（米^2·秒），二氧化碳浓度为 120～190 毫克/千克时，黄瓜叶片的净光合速率为 8.4 微摩尔/（米^2·秒）；二氧化碳浓度瞬间提高到 800～900 毫克/千克时，黄瓜叶片的净光合速率为 29.42 微摩尔/（米^2·秒），后者是前者的 3.5 倍。

（二）提高蔬菜的生物产量

试验表明，无论是叶菜类还是果菜类，在二氧化碳浓度增加时，除了植株的光合速率明显提高外，其株重、叶面积及干叶比均有增加。无沼气的温室，在不放风时的二氧化碳浓度只有 200～300 毫克/千克，其芹菜的单株干重只相当于沼气种植间的 60%。在二氧化碳浓度增高后，黄瓜叶片明显变厚，其干叶比比二氧化碳浓度低时增加 30%。

（三）提高蔬菜的结果率

增施二氧化碳不但可以促进蔬菜的营养生长，而且增施二氧化碳后可使黄瓜的雌花增多，坐果率增加。试验表明，施二氧化碳后黄瓜的结瓜率可提高 27.1%。在青椒开花结果期增施二氧化碳，也得到类似的结果，单株开花数增加 2.4 个，单株坐果率增加 29%。

（四）提高蔬菜的产量

增施二氧化碳，促进了蔬菜的生长发育，相应地产量和产值均有较大幅度的增长，特别是早期产量增长更为明显。增施二氧化碳的温室，黄瓜早期产量增长 66%，产值增长 84%，总产量增长 31%，总产值增长 30%。番茄和青椒在定植后开始增施二氧化碳，增产效果也很明显，试验表明，番茄较对照可平均增产 21.5%，青椒较对照增产 36%。

（五）提高蔬菜的品质

温室蔬菜增施二氧化碳后，不但增加了产量，提高了经济效益，同时也改善了蔬菜的品质，消费者反映色正、口味好，到市场后大受消费者欢迎。经对黄瓜和番茄果实进行分析，果实中维生素 C 和可溶性糖的含量均有增加，黄瓜的可溶性糖含量比对照增加 13.8%。

四、注意事项

（1）进行日光温室二氧化碳气肥调控的沼气，要经过脱硫处理。

（2）施放二氧化碳气肥后，水肥管理必须及时跟上。

（3）不能在日光温室内堆沤沼气发酵原料。

（4）沼气灯的安装高度要便于操作和管理，不能碰头。

第四节　沼气保鲜水果与贮粮

有机废料经过沼气发酵所产生的沼气，其首要功能是作为燃料被加以利用，除此之外，将沼气作为一种环境气体调制剂，用于果品、蔬菜的保鲜贮藏和粮食、种子的灭虫贮藏，是一项简便易行、投资少、经济效益显著的实用技术。

一、沼气气调保鲜柑橘技术

（一）贮藏设施类型与特点

沼气气调贮藏柑橘的设施有箱式、薄膜罩式、柜式、贮藏室式和土窑窖式 5 种。箱式、薄膜罩式、柜式具有投资少、设备简单、操作方便等优点，但在贮藏过程中，易受环境因素变化的影响，适合果农家庭分散贮藏；贮藏室式和土窑窖式，虽然土建投资较大，密封技术要求高，但贮藏量大，使用周期长，外界环境因素变化影响小，适合果园、专业户批量贮藏。

箱式、薄膜罩式可直接建造在地面上，适用于房屋面积较宽的农户采用。柜式可建多层，充分利用室内空间，适宜于房屋面积较窄的农户家庭使用。一般情况，装置适于建成长方形，其长度根据地面条件而定，宽度以翻果操作方便为宜，高度以 1 米为限，容积大小根据贮果量的多少确定。

（二）贮藏设施的建造

1. 箱式

用砖块和水泥沙浆砌成，要求内壁平整，外壁用水泥∶石灰∶中沙为 1∶0.5∶2 的沙浆抹光，再用纯水泥浆涂刷 2 次，箱口用塑料薄膜密封，箱底预埋好沼气输气管道和加水孔。

2. 薄膜罩式

根据贮藏容积的大小，用聚乙烯薄膜热合成膜罩，再根据膜罩的大小，用 12 根小木条或竹条做成支架，地面铺放河沙等垫物后，堆放柑橘，罩上膜罩，下口四方用湿泥沙密封，并埋好沼气输气管道和加水孔。

3. 柜式

柜的框架用砖块和水泥沙浆砌筑，用水泥勾缝粉刷，质量要求同箱式。柜式可充分利用室内空间，每个贮藏柜分作若干层，每层宽度以 1 米为宜，隔层之间高度为 24 厘米，隔板可采用竹排或多孔水泥预制板，柜底铺碎石和沙，柜的侧面预埋沼气输气管和加水孔，正面一方边框预埋木条，周围加上涂料，以备用塑料薄膜和胶带纸密封。

4. 贮藏室式

贮藏室用砖和水泥沙浆砌筑，并预留门、沼气进气孔、排气孔和观察孔（门上还可设置取气孔）。排气孔的管道与测氧仪或二氧化碳测定仪连接，以便随时监测贮藏室中环境气体的氧气和二氧化碳含量。进气管与贮藏室内设置的沼气扩散器相连。墙体用 1∶4 的水泥沙浆抹平，刷上纯水泥沙浆后，再刷密封涂料，以堵塞墙上的毛细孔。门为木制板门，用油灰勾缝后上油漆，门与门框间垫橡胶皮密封。观察孔装上玻璃，并用油灰嵌缝。透过观察孔可以看到挂在贮藏室内的温度计和湿度计。贮藏室内还可分设相互隔离的小室，柑橘装在塑料筐内入室贮藏。封门后，再用胶带纸密封门缝。

5. 土窑窖式

可新建，也可利用旧窖改建。土窖呈圆台形，下大上小。下部设木门，顶部设排气孔。门的制作和密封要求同上述贮藏室门的制作。底部放置沼气扩散器，并与预埋好的沼气进气管相通。

（三）采果与预贮

贮藏果要求成熟适度，精细采摘。果实是否损伤，是贮藏保鲜成败的基础。因此，用沼气保鲜的柑橘，要选择晴天气温较低的上午露水干后采果。采收果剪要锋利不错口。采果人要剪光指甲，戴上手套。果篮内要衬柔软垫物，用双面果梯，以便调节采果所需高度。采摘要求采用两次剪果法，即先在离果蒂 1 厘米处剪下，然后在齐萼片处整齐剪去果梗，保留完整果蒂。采摘顺序是先外后内、先下后上，依次进行。采摘的柑橘要避免太阳照晒。沼气保鲜的柑橘，最好选择树冠外围和中上部的果实，按果形、颜色、品质和大小分级贮藏，严格挑出伤果、虫果、病果、畸形果和过大或过小的果实。要轻装、轻放，边采、边装、边运，不让果实在果园过夜。

贮藏前两天，必须对贮藏环境（包括贮藏装置）进行严格消毒，并选择干燥、阴凉、通风的地方进行预贮。其目的是使柑橘果皮蒸发少量水分，以减小果皮细胞膨压，使果皮软化，略有弹性，果肉不枯水，同时可减少病菌侵入，增加果皮色泽。预贮时间一般 2～3 天。

（四）贮藏条件控制

由于柑橘果实的呼吸强度与品种、温度、湿度、氧气、二氧化碳及果实的伤害等因素有关，所以在贮藏中，就应根据气调贮藏的理论，综合考虑影响因素，设置抑制呼吸的条件，选择适宜于柑橘果实的贮藏环境，以延长果实的衰老，达到贮藏保鲜的目的。沼气贮藏保鲜柑橘效果的好坏，主要取决于贮藏环境的温度、湿度和气体组分。

1. 温度

呼吸作用是一系列酶促生物化学反应，对温度变化很敏感。在低温条件下，呼吸作用弱，随着温度升高，呼吸强度也随之增加，直到酶的活性因温度升高而被破坏为止，不同品种的柑橘，有其最适宜的贮藏温度，即柑橘不致产生生理失调的最低温度。不同品种的贮藏温度变化幅度为 4～15℃，15℃ 以上为偏高温度，超过 20℃ 不适宜柑橘贮藏保鲜。

2. 湿度

湿度是提高贮藏柑橘鲜度和品质的重要条件。干燥的贮藏环境，柑橘水分蒸发快，常会呈现萎蔫状态，致使保鲜率下降，商品价值低。贮藏气体中的相对湿度，与呼吸强度关系密切，即相对湿度低，呼吸强度大。在一定限度内，相对湿度越高，呼吸强度越小。贮藏时要控制一定的相对湿度，使贮藏水果的失重降到最低限度，但又要注意高湿度引起病害而造成腐烂的问题。一般贮藏柑橘的相对湿度为 90%～98%。

3. 气体组分

贮藏环境的气体组分对柑橘贮藏保鲜起着重要作用。向贮藏装置输入沼气的量，以能抑制柑橘果实的呼吸为限。但由于目前应用的 5 种贮藏装置受到建造质量和密封程度的影响，气密性能各不相同，往往有不同程度的漏气现象。因此，各地试验所得出的向单位贮藏容积输放的沼气量也各不相同。

四川省井研县贮藏甜橙，采用贮藏室式，每天每立方米贮藏室输入 0.06 米^3 沼气，10 天以后，逐渐增加到 0.14 米^3。

四川省开县采用箱式和膜罩式贮藏甜橙，每三天充入一次沼气。初期（入贮 15 天以内），每立方米贮藏容积输放 0.1 米^3 沼气；中期（15 天以后），每立方米贮藏容积输入 0.085 米^3 沼气；后期（贮藏温度升高到 12～15℃），每立方米贮藏容积输入 0.042 5 米^3 沼气。浙江省金华市采用贮藏柜贮藏蜜橘，每天每立方米贮藏容积输入 0.01～0.03 米³ 沼气，在此范围内，贮藏前期少，后期逐渐增多。

可见，各地利用沼气贮藏保鲜柑橘，其单位容积输入的沼气量各不相同，相差很大。因此，各地在利用沼气贮藏保鲜柑橘时，应根据不同品种、温度、湿度和贮藏装置的密封程度等，经过试验之后确定单位容积内输入沼气的量，不能生搬硬套。

（五）日常管理

用沼气贮藏保鲜柑橘，是贮藏温度、湿度和气体组分相互配合，共同作用的结果，必须重视贮藏期间的管理。柑橘在贮藏后两个月内，每隔 10 天换气翻果 1 次，以后每隔半个月换气翻果 1 次。翻动时结合检查贮藏状态，及时挑出伤果、病果、腐烂果，成熟度过高的早熟果、早衰果和枯水果，以避免经济损失，增加好果率。搬箱、翻果时要轻拿轻放，切勿损伤柑橘果实。保持贮藏场所的清洁，定期用 2％的石灰水对贮藏环境的地面、墙壁进行消毒。

（六）注意事项

（1）严禁用火柴、打火机、煤油灯、蜡烛等明火照明或吸烟，防止发生火灾。

（2）要定期换气，防止果品长期进行无氧呼吸，产生较多的酒精，使品质降低。

（3）用于贮藏果品的沼气，要经过脱硫处理。

二、塑料帐密封沼气灭虫贮粮技术

（一）设备及安装

在原来的粮仓上面覆盖一层 0.1～0.2 毫米厚的聚乙烯塑料帐，其顶端设置一根小管作排气通道，并与测氧仪或二氧化碳分析仪连接，以便随时测量粮堆中环境气体的含氧量或二氧化碳含量；粮堆底部放置一根射线形进气扩散管，并与沼气流量计相连；流量计与沼气输气管道及开关连接（图 7-3）。

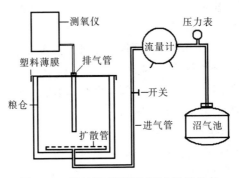

图 7-3　塑料帐密封沼气灭虫贮粮设备

（二）操作及控制

设备和管道安装完毕并检查无漏气、无阻塞后，即可打开沼气输气开关，使沼气进入粮堆；粮堆内的气体在沼气压力的驱排下，从粮仓顶部的排气管经测量仪器后排出仓外；当充入的沼气量达到粮堆容积的 1.5 倍，通过测氧仪测得粮堆中的氧气含量降至 1%～5%，二氧化碳含量上升到 20%～30% 时，关闭测氧仪前的排气管和沼气开关，密封保持 3～5 天，即可杀死粮堆内的玉米象、拟谷盗、绿豆象等主要粮食害虫，无虫害期可保持 1 年左右。

（三）注意事项

（1）塑料帐、管道系统必须密封严密，输气前，应检查输气管道有无漏气、阻塞，管道内有无冷凝水，粮仓是否密封等。

（2）仓房内严禁用火柴、打火机、煤油灯、蜡烛等明火照明或吸烟，防止发生火灾。

（3）含水量较高的粮食长期处于缺氧环境，会产生较多的酒精，使粮食遭受毒害，品质降低。所以，应经常进行换气。

三、容器密封沼气气调贮粮技术

该技术适合家庭及粮食数量较少时采用，常用的容器有瓦缸、坛子、木桶及水泥池等（图7-4）。

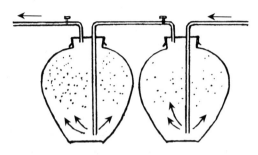

图7-4 瓦罐串联沼气贮粮

贮粮方法为：用木板做一个瓶塞式缸盖，盖上钻两个小孔，孔径大小以能插入输气管为宜；一个孔插入进气管，另一个孔插入排气管，如瓦缸多，可用管道串接起来；将进气管连接在一个放入瓦缸底部的自制的竹质进气扩散器（中间的竹节打通，最下部的节不打通，四周钻有数个小孔的竹管）上，缸内装满粮食后盖上缸盖，并用石蜡密封；在排气管的一端接上三通管，将三通管的另外两端分别与压力表和沼气开关、沼气灯或沼气灶相连；第一次充沼气时应打开排气管上的开关，使缸内空气尽量排出，到能点燃沼气灯为止，然后关闭开关，使缸内充满沼气5天左右，即可杀死全部害虫。

四、沼气气调贮藏粮果的原理和作用

（一）沼气气调贮藏粮果的基本原理

沼气气调贮藏粮果就是在密封的条件下，利用沼气中甲烷和二氧化碳含量高、含氧量少、甲烷无毒的性质和特点，来调节贮藏环境中的气体成分，造成一种高二氧化碳和低氧的状态，以控制粮果、蔬菜的呼吸强度，减少贮藏过程中的有机物消耗，防治害虫和病菌，达到延长贮藏时间并保持良好品质的目的。

（二）沼气气调贮藏粮果的作用

1. 可以抑制粮果、蔬菜的后熟

在高二氧化碳、低氧、低温条件下，可降低水果、蔬菜、粮食、种子的呼吸强度，减弱新陈代谢，从而推迟了贮藏物的后熟期。同时，在较低浓度氧气和高浓度二氧化碳下，能使贮藏物产生乙烯的作用减弱，抑制乙烯的生成，从而抑制了贮藏物的后熟过程，延长食品的货架期 $1\sim2$ 倍。

2. 可以减少粮果、蔬菜的损失和经营损失

气调贮藏试验证明，气调库贮藏水果，不仅延长贮藏期 $2\sim3$ 个月，保持了水果的质量和营养价值，而且可减少经营损失 16.5%。

3. 有利于粮果、蔬菜的保鲜

气调贮藏可以抑制水果、蔬菜的老化和衰老，对一些蔬菜可达到保绿的作用。

4. 可以抑制真菌的生长和繁殖

在低温条件下，若增加二氧化碳的浓度，可以延长真菌的发芽时间，减缓其生长速度。

5. 可以防止老鼠的危害和杀灭害虫

在高二氧化碳和低氧的条件下，老鼠和害虫会窒息死亡。如玉米象（麦牛）在含氧量 $0.9\%\sim5\%$、含二氧化碳 $21\%\sim30\%$ 的环境中经 48 小时死亡 80%，经 72 小时死亡 100%；拟谷盗在氧含量 $0.3\%\sim11.8\%$，二氧化碳含量 $12.6\%\sim46.2\%$ 的环境中经 103 小时死亡 100%；绿豆象在氧含量 $0.3\%\sim14.8\%$、二氧化碳含量 $8\%\sim46.2\%$ 的环境中经 48 小时成虫死亡 99.9%。

五、沼气气调贮藏粮果的经济效益

用沼气气调贮藏粮果，可利用原有土建设施，增加少量基本建设投资，修建沼气发酵装置，即可建立起简易气调贮藏系统。这种气调贮藏系统节省了机械式气调贮藏系统中昂贵的气体发生装置和气体调节装置，能够有效地控制贮藏环境中的气体成分，从而，降低贮藏物的呼吸强度，减少贮藏物内部的有机物消耗和水分消耗，推迟贮藏物的后熟期，延长贮藏时间。

沼气气调贮藏系统不需要耗费电力、燃料，运行费用比机械式气调贮藏系统低得多。同时，该系统中的沼气发生装置能够充分利用工农业废弃物、生活废料及人畜粪便等，有利于环境保护和生态良性循环，沼气发酵残留物还可以多层次综合利用，从而使该系统的经济效益显著提高。

由于该技术有众多优点，所以已被运用于粮食和果品的贮藏，并取得显著的经济效益。如湖南省常德市白合山粮站用沼气气调贮藏稻谷，试验仓和对照仓各贮藏 20 万千克，一年后测定，试验仓比对照仓温度降低 38.5%，稻谷水分减少 13.51%，出糙率增加 0.93%，害虫减少 100%，发芽率提高 4.71%，酸度降低 70%左右。四川省开县等地利用沼气连续 3 年进行柑橘气调贮藏，结果表明，用沼气贮藏柑橘 150 天，平均好果率达 90%，失水率仅 5~7%，贮果成本只有 0.02 元/千克。经过沼气贮藏的柑橘外观新鲜饱满，绝大多数果蒂青绿，果皮红亮，硬度适宜，果肉鲜嫩，多汁化渣，甜中略带酸味，保持了鲜果的风味。并且，经中国农业科学院柑橘研究所检测，其营养成分的变化符合果品贮藏的生理变化规律，尤其是维生素 C 和果糖含量较高，同时未检出硫化物含量，属实际无毒级。因此，用该技术贮藏果品安全、可靠。

第八章　户用沼肥综合利用

　　沼气发酵是生产沼气（能源）的厌氧微生物新陈代谢的过程，这一过程富集了有机废弃物中的大量养分，如氮、磷、钾等大量营养元素和锌、铁、钙、镁、铜、铝、硅、硼、钴、钒、锶等丰富的中微量元素。同时，沼气发酵过程中，复杂的厌氧微生物代谢产生了许多生物活性物质——丰富的氨基酸、B 族维生素、各种水解酶类、全套植物激素、腐植酸等，使其在种植业和养殖业中有着广泛的用途。

第一节　沼气发酵残留物的特性

　　由于沼气发酵所涉及的微生物群类相当复杂，有产氢产乙酸菌、耗氢产乙酸菌、产甲烷菌、某些具有合成功能的细菌等，所以，沼气发酵过程中代谢产物是非常丰富的（图 8-1），这就构成了沼气发酵系统的多功能特性。

一、沼气发酵残留物的营养成分

　　沼气发酵残留物含有丰富的营养成分。从营养元素来看，沼气发酵过程是碳、氢、氧的代谢过程，有机废弃物中的碳、氢、氧经发酵转化为沼气（主要成分为甲烷和二氧化碳）；有机废弃物中大量的氮、磷、钾则保存于发酵残留物中，而且这些元素在发酵过程中被转化为简单的化合物——易于被动物、植物吸收利用的形态。例如，有机废弃物中的有机氮素，一部分被转化为氨态氮的形式，相当于速效氮，另一部分则参与代谢或分解为氨基

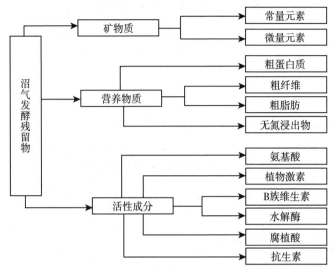

图 8-1　沼气发酵残留物的构成

氮——游离氨基酸的形式。氨态氮是理想的氮肥，而氨基酸则是饲料的最佳氮素来源。

　　从营养成分来看，有机废弃物经沼气发酵后，原料中的纤维素被部分降解，蛋白质一方面通过蛋白酶降解为氨基酸，另一方面通过微生物繁殖而转化为菌体蛋白。总体比较分析，沼气发酵残留物中的粗纤维含量比有机废弃物中的低，而粗蛋白质含量则高于有机废弃物。用于沼气发酵的农牧复合生态工程有机废弃物通常为人、畜粪便和植物废弃茎叶等，这些原料的成分大都为纤维素、蛋白质、脂肪等。通过沼气发酵后，其发酵残留物保留了丰富的粗蛋白质、粗纤维、粗脂肪等营养成分（表 8-1）。

　　通过对沼气发酵原料发酵前后的氨态氮、纤维素、碳氮比等指标进行检测分析，结果表明，通过沼气发酵，原料中纤维素被部分降解，粗蛋白质含量提高，氨态氮含量升高（表 8-2）。

表 8-1　沼气发酵残留物的营养成分

（单位：%）

沼气发酵原料	TS	粗蛋白质	粗纤维	粗脂肪	粗灰分	无氮浸出物
玉米酒糟	100	46.09	18.18	4.60	10.40	20.73
活性污泥	100	41.70	9.50	1.40	15.60	31.80
猪粪	100	25.60	13.80	9.40	15.40	38.80
酒糟	91.6	28.51	4.95	1.24	39.75	17.12
牛粪	100	14.33	21.98	1.40	24.22	38.37

表 8-2　沼气发酵前后某些成分的变化

（单位：%）

检测项目	农村沼气原料			玉米酒糟		
	发酵前	发酵后	增减	发酵前	发酵液	增减
纤维素	27.67	22.44	−18.90	30.26	18.18	−39.92
氨态氮	897.0	1 346.0	+50.06	—	—	—
蛋白质				16.62	46.09	+177.32
脂肪				8.50	4.60	−45.88
灰分				11.30	10.40	−7.96
无氮浸出物				33.32	18.18	−39.92

二、沼气发酵残留物的生物活性物质

在沼气发酵过程中，参与沼气发酵的微生物菌群相当复杂。从类型上看，可以归为 4 类：水解性细菌，产乙酸细菌，产甲烷菌，作用尚不清楚、具有合成能力的细菌。整个厌氧代谢过程中，产甲烷菌并不是孤立进行，它周围繁多的菌群先于产甲烷菌之前代谢，并以此提供产甲烷菌正常代谢的底物和环境。从沼气发酵的物质转化来看，基质中蛋白质、脂肪、纤维素、半纤维素、淀粉等大分子物质，首先在细菌所产生的各种水解酶作用下被降解，其产物为水溶性的酸、醇、糖等较小分子的化合物，以及少量的氢气和二氧化碳。第二阶段是各种水溶性产物进一步被降解形成乙酸盐、氢气和一氧化碳，等产生甲烷的底物。第三阶段为产甲烷菌的代谢过程。沼气发酵过程是一个多菌群相互作用的又复杂的过程，其代谢的产物是极为丰富的。虽然对沼气发酵残留物的利用领域已逐步拓宽，而对其机理认识还相当模糊，但从理论上可以肯定，实际测定结果也表明，沼气发酵残留物中含有成分较全的氨基酸、丰富的微量元素、B族维生素、各种水解酶类、有机酸类、植物激素类、抗生素类以及腐植酸等生物活性物质。

（一）各种水解酶类

要使沼气发酵得以进行，首先沼气发酵原料中的蛋白质、脂肪、纤维素和淀粉等复杂化合物要能被降解，而这一过程需要各种水解酶的参与才能完成。

研究检测表明，在沼气发酵残留物中存在蛋白质水解酶、脂肪水解酶、纤维素水解酶和淀粉水解酶等酶类（表8-3），且沼气发酵残留物中的酶活性高于发酵原料的酶活性。这些酶类的存在为沼气发酵残留物作畜禽饲料添加剂，促进养殖业发展，降低成本提供了良好的物质基础。

表8-3 沼气发酵残留物中的水解酶酶活性

沼气发酵原料	酶活性表示单位	蛋白酶酶活性	淀粉酶酶活性	纤维素酶酶活性
玉米酒糟	/（100毫升·小时）	82.35毫克酪素	2 678.25毫克淀粉	1 775.14毫克葡萄糖
秸秆	活力单位/毫升	1.43		7.65
猪粪	活力单位/毫升	5.70	15.60	5.60

（二）氨基酸

沼气发酵过程中有众多的厌氧微生物菌群参与代谢，沼气发酵的进行正是这些菌群的不断繁殖和代谢，最后在其残留物中必然有大量的菌体蛋白。这些菌体蛋白的氨基酸组成非常全面（表8-4），无论是必需氨基酸，还是非必需氨基酸，其含量都可与鱼粉相媲美。同时对沼气发酵原料和其发酵残留物的氨基酸分析表明，残留物中各种氨基酸的含量显著增加（表8-5）。

表 8 - 4 沼气发酵残留物氨基酸的组成

氨基酸		代号	猪粪和稻草 (毫克/100毫升)		粪便和秸秆沼液 (毫克/100毫升)	粪便和作物秸秆 MFR (%)	猪粪发酵后的沼液 (毫克/100毫升)
			沼液	沼渣			
必需氨基酸	赖氨酸	Lys	6.59	6.11	3.94	0.259	0.145
	蛋氨酸	Met	1.84	1.27	2.85	0.082	0.071
	苏氨酸	Thr	6.30	5.44	3.80	0.256	0.126
	缬氨酸	Val	8.35	6.24	3.31	0.238	0.156
	苯丙氨酸	The	8.53	5.52	3.38	0.123	0.161
	精氨酸	Arg	4.29	5.12	2.41	0.785	0.124
	亮氨酸	Leu	11.02	8.99	4.75	0.318	0.225
	异亮氨酸	Ile	9.04	6.08	2.98	0.181	0.136
	组氨酸	His	1.26	1.89	1.32	0.051	0.0436
	小 计		57.22	46.66	28.74	3.302	1.1876

（续）

氨基酸		代号	猪粪和稻草（毫克/100毫升）		粪便和秸秆沼液（毫克/100毫升）	粪便和作物秸秆 MFR（%）	猪粪发酵后的沼液（毫克/100毫升）
			沼液	沼渣			
非必需氨基酸	天冬氨酸	Asp	11.65	10.03	7.85	0.459	0.243
	丝氨酸	Ser	5.12	5.26	3.26	0.198	0.113
	甘氨酸	Gly	7.02	7.03	3.98	0.228	0.168
	丙氨酸	Ala	8.20	7.11	5.21	0.328	0.189
	胱氨酸	Cys	3.57	0.83	4.31	—	0.043 5
	酪氨酸	Tyr	6.91	4.17	4.00	0.172	0.108
	谷氨酸	Glu	11.95	12.18	8.44	0.536	0.301
	脯氨酸	Pro	3.96	5.42	2.48	0.152	0.131
	小计		58.39	52.03	39.53	2.073	1.296 5
总计			115.61	98.69	68.27	5.375	2.484 1

表 8-5 沼气发酵前后氨基酸含量的变化

（单位：%）

氨基酸		代号	酒精发酵醪（毫克/100毫升）			鸡粪（TS=100%）			玉米酒糟（TS=100%）		
			原液	沼液	增加（%）	发酵前	发酵后	增加（%）	发酵前	发酵后	增加（%）
必需氨基酸	赖氨酸	Lys	5.79	54.08	834.80	0.62	0.71	14.52	1.23	2.43	97.56
	蛋氨酸	Met	0.82	4.86	492.44	0.13	0.22	69.23	0.14	1.01	621.43
	苏氨酸	Thr	11.12	42.48	282.12	0.48	0.69	43.75	0.23	1.81	686.96
	颉氨酸	Val	5.34	58.51	996.16	0.62	0.84	35.48	0.91	2.71	197.80
	苯丙氨酸	The	3.49	31.48	803.04	0.51	0.65	27.45	0.73	1.84	152.05
	精氨酸	Arg	3.57	32.79	819.32	0.41	0.76	85.37	0.45	1.52	237.78
	亮氨酸	Leu	7.44	129.79	1 644.70	0.86	1.11	29.07	1.87	4.63	147.59
	异亮氨酸	Ile	4.80	53.02	1 003.60	0.53	0.79	49.06	1.49	2.14	43.62
	组氨酸	His	1.66	32.79	1 873.00	0.26	0.34	30.77	0.26	0.89	242.31
小计			44.02	439.57	898.64	4.42	6.11	38.26	7.31	18.98	159.64

（续）

氨基酸	代号	酒精废醪（毫克/100毫升）			鸡粪（TS=100%）			玉米酒糟（TS=100%）		
		原液	沼液	增加（%）	发酵前	发酵后	增加（%）	发酵前	发酵后	增加（%）
天冬氨酸	Asp	22.40	97.09	333.48	0.91	1.26	38.46	0.85	3.19	275.29
丝氨酸	Ser	8.45	40.68	381.65	0.60	0.78	30.00	0.61	1.73	183.61
甘氨酸	Cly	11.47	50.96	344.10	0.85	1.12	31.76	0.82	2.11	157.32
丙氨酸	Ala	15.79	106.16	572.32	0.59	0.68	15.25	1.50	3.42	128.00
胱氨酸	Cys	—	1.90	—	0.09	0.23	155.56	0.24	1.73	620.83
酪氨酸	Tyr	3.53	30.49	763.84	0.41	0.52	26.83	0.65	1.56	140.00
谷氨酸	Glu	31.77	189.85	497.58	2.24	2.68	19.64	2.53	9.00	255.73
脯氨酸	Pro	13.26	134.31	912.74	0.83	0.95	14.46	0.92	2.65	188.04
小计		106.67	651.43	510.70	6.52	8.22	26.07	8.12	25.39	212.68
总计		150.69	1 091.0	624.00	10.94	14.33	30.99	15.4	44.37	187.57

非必需氨基酸

(三) B 族维生素

维生素是植物生长必不可少的物质，它们不能在植物体内合成，只能通过某些微生物合成。通过对沼气发酵残留物检测证实，不同原料经过沼气发酵，其残留物中的维生素 B_{12}、维生素 B_2、维生素 B_5 都比原料中的含量有所增加，同时，含有维生素 B_1、维生素 B_6、维生素 B_{11} 等（表 8 - 6）。沼气发酵残留物中的 B 族维生素能促进植物的生长发育，同时能提高植物抵御病虫害的能力。

表 8 - 6　沼气发酵前后维生素含量的变化

（单位：毫克/千克）

检测项目	玉米酒糟			甘薯酒糟			秸秆和粪便沼液（毫克/升）
	发酵前	发酵后	增加（%）	发酵前	发酵后	增加（%）	
维生素 B_{12}	2.65	21.66	717.36	0.165	1.758	963.34	0.009 3
维生素 B_2	2.91	3.89	33.68				0.022
维生素 B_5	36.5	72.56	98.79				
维生素 B_1							0.089
维生素 B_6							0.53
维生素 B_{11}							0.078

(四) 腐植酸

腐植酸是植物残体腐解后所形成的一种高分子化合物。沼气发酵残留物中的腐植酸含量为 $10\% \sim 20\%$（以 TS＝100% 计），相对分子质量为 $800 \sim 1\ 500$。腐植酸在改良土壤方面，有利于土壤团粒结构的形成；作为饲料添加剂，可抑制脂肪氧化，防止抗生素和维生素添加剂的失活。沼气发酵残留物作为土壤改良剂所获得的效果，与其腐植酸的作用有着直接的关系。

三、沼气发酵残留物的矿质元素

在沼气发酵的过程中，有机废弃物中的矿质元素参与微生物的代谢，最后又残存于发酵残留物中。因此，沼气发酵残留物中的矿质元素非常丰富（表8-7），有钙、钠、氯、硫、镁、钾等常量元素和铁、锌、铜、锰、钴、铬、钒等微量元素。

沼气发酵残留物中所含的丰富无机盐，可以作为农作物的肥料，满足植物生长对矿质元素的需要，从而促进农业的良性循环发展。

表8-7 沼气发酵残留物中矿质元素的含量

（单位：毫克/升）

矿质元素	粪便和秸秆沼液	猪粪和稻草沼液	猪粪和稻草沼渣	人畜粪和玉米秸秆沼液	猪粪沼液	粪水沼液
铁（Fe）	0.82	9.870	44.30	3.406	10.400	1.60
锌（Zn）	0.39	2.558	35.09	0.618	2.450	4.50
铜（Cu）	0.13	0.662	8.768	0.105	1.620	0.80
镍（Ni）	0.04	0.117	1.009		0.018	
钒（V）	0.03				0.110	
锰（Mn）	1.27	3.309	69.35	0.696	1.39	0.30
铬（Cr）	0.02	0.148	1.62		0.02	
钴（Co）	0.02	0.046	0.349		0.027	
硼（B）	0.52	0.362	1.15			
锂（Li）	0.03	0.06	0.699			
铝（Al）	3.41				0.65	
钡（Ba）	0.35	0.668	1.164		0.27	
钛（Ti）	0.16					
硒（Se）						0.002 8
镁（Mg）		125.8	164.6			49.0
钙（Ca）		397.6	338.2	237	272	130
磷（P）	56.88	112.9	29.35	20.1	113	43.0

四、沼气发酵残留物的综合利用

有机物质在沼气发酵过程中，除了碳、氢、氧等元素逐步分解转化生成甲烷、二氧化碳等气体外，其余各种养分元素基本都保留在发酵后的剩余物中，其中一部分水溶性物质保留在沼液中，另一部分不溶解或难分解的有机、无机固形物则保留在沼渣中，在沼渣的表面还吸附了大量的可溶性有效养分。所以沼渣含有较全面的养分元素和丰富的有机质，具有速缓兼备的肥效特点。

沼气发酵微生物代谢产物可分为两部分：第一部分是沼气，它产生后自动与料液分离；第二部分是保存在发酵料液中的物质，这类物质又可分为3类。第一类是作物的营养物，第二类是一些常量元素或微量元素的离子，第三类是对生物生长有刺激作用、对某些病害有杀灭作用的物质。其综合利用如图8-2所示。

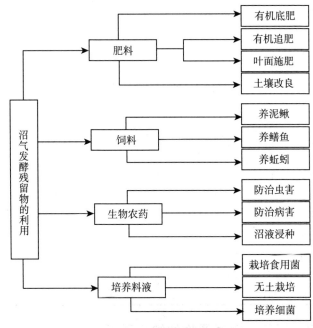

图8-2　沼气发酵残留物综合利用

第一类营养物是发酵原料中的大分子物质被微生物分解形成

的，由于其结构相对较分解前简单，因此能够被作物直接吸收，能向作物提供氮、磷、钾等营养元素。

第二类物质原本也是存在于发酵原料之中的，只是通过发酵变成了离子形式。它们的浓度不高。在户用沼气发酵系统中，沼液中这类物质含量最高的是钙，可达到万分之二，其次是磷，可达到万分之一，此外铁可达到万分之零点一。铜、锌、锰、钼等只能达到万分之零点零一以下。它们可渗透到种子细胞内，能够刺激发芽和生长。

第三类物质相当复杂，目前已经测出的这类物质有氨基酸、生长素、赤霉素、激动素、单糖、腐植酸、不饱和脂肪酸、维生素及某些抗生素类物质。可以把这些物质称为生物活性物质。它们对作物生长发育具有重要刺激作用，参与了作物种子萌发、植株长大、开花、结实的整个过程。例如赤霉素、激动素可以刺激种子提早发芽，生长素能促进种子发芽，提高发芽率。在作物生长阶段，赤霉素可促进作物茎、叶快速生长，而生长素可使作物根深叶茂。干旱时，某些核酸、单糖可增强作物抗旱能力。在低温时游离氨基酸、不饱和脂肪酸可使作物免受冻伤。某些维生素能增强作物抗病能力。在作物生殖期，赤霉素等能诱发作物抽薹、开花，生长素则能有效防止落花、落果，提高坐果率。激动素对于防止作物衰老，防止棉花落铃、落果效果显著。

第二节　沼肥在种植业中的应用

一、农作物沼液浸种

利用沼液浸种，沼液中钾离子、铵离子、磷酸根离子等都能因渗透作用或其生理特性，不同程度地被种子吸收，而这些离子在幼苗生长过程中，可增强酶的活性，加速养分运转和新陈代谢过程。因此，用沼液浸种使幼苗"胎里壮"，抗病、抗虫、抗逆能力强，为高产奠定了基础。

(一)水稻沼液浸种

水稻沼液浸种的工艺流程如图8-3所示,其操作方法和技术要领为:

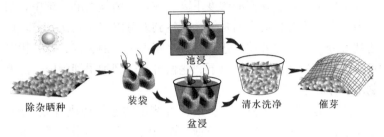

除杂晒种 → 装袋 → 池浸 / 盆浸 → 清水洗净 → 催芽

图8-3 水稻沼液浸种的工艺流程

(1)晒种 选用上年生产的高纯度和高发芽率的新水稻种子,浸种前晒种1~2天,以提高种子的吸水性能,并杀灭部分病菌。

(2)浸种 首先用浸种袋(如化肥袋、尼龙编织袋等)将稻种装好,每袋装15~20千克,扎紧袋口,投入已正常使用40天的沼气池水压间内浸泡,常规稻种以一次性浸种为主,24小时左右为宜;杂交水稻采取间歇式浸种,即在沼液中浸泡8~10小时后,提出来晾6小时,三浸三晾,直至种子吸足水分。

(3)清洗 捞出浸种袋,用清水漂洗2~3次,晾干,方可催芽。沼液浸种会改变有些种壳的颜色,但不会影响发芽。

(二)小麦沼液浸种

(1)种子的处理 在浸种前要选择晴天将麦种晒2~3天,提高种子的吸水性能。

(2)沼液的选择 选用发酵时间长且腐熟较好并与猪圈、厕所结合正常使用的沼气池发酵液。于浸种前几天打开水压间盖,在空气中暴露数日,并搅动数次,使少量硫化氢气体逸散,还要将水压间内水面上的浮渣清除。

(3)浸种时间 小麦浸种时间依据当地正常播种时间,在播种前一天进行浸种。浸泡时间要根据水温而定，一般 17～20℃浸 6～8 小时。

（4）浸种操作　将要浸泡的麦种装入透水性好的塑料编织袋。每袋种子量占袋容积的 2/3。将袋子放入水压间沼液中，并拽一下袋子的底部，使种子均匀松散于袋内，以沼液浸没种子为宜。

（5）播种　麦种浸 6～8 小时后，取出袋子，用清水洗净，并使袋里的水漏去，然后把种子摊在席子上，待种子表面水分晾干后即可播种。如果要催芽，即可进行催芽播种。

（三）玉米沼液浸种

先将玉米种子晒 1～2 天，去杂、去秕粒后，用发酵好的沼液浸种。将要浸的玉米种装在塑料编织袋内，不可装得太满，然后放入沼液中，浸 12 小时。取出用清水冲洗一下，晾干即可。

（四）甘薯沼液浸种

将选好的薯种分层放入大缸或清洁的水池内；将沼液倒入，液面超过上层薯块表面 6 厘米为宜，并在浸泡过程中及时补充沼液；2 小时后捞出薯种，用清水冲洗净后，放在草席或苇箔上晾晒，直至种块表面无水分为止，然后按常规排列放入苗床。苗床培养土为 30% 的沼渣肥和 70% 的泥土混合而成。

（五）注意事项

（1）用于沼液浸种的沼气池，一定要正常使用 1 个月以上。长期停用的沼气池中的沼液不能用于浸种，以免伤害种子。

（2）种子浸泡时间不宜过长，否则影响出芽。

（3）如沼液浓度过高，浸种前加 1～3 倍清水。

（4）浸种时要考虑天气情况，如遇阴雨，将种子摊在席子上自然发芽、播种更好。

二、沼液防治农作物病虫害

沼气发酵原料经过发酵，其产物不仅含有极其丰富的植物所需的多种营养元素和大量的微生物代谢产物，而且含有提高植物抗逆性的激素、抗生素等物质，可用于防治植物病虫害和提高植物抗逆性。沼液是沼气发酵的副产物，是一种水溶肥性质的液体，不仅含有较丰富的可溶性无机盐类，还含有沼气发酵的生化产物，具有营养、抑菌、刺激、抗逆等作用。

（一）沼液防治农作物虫害

1. 沼液防治农作物蚜虫

用沼液喷施小麦、豆类、蔬菜、棉花、果树等，可防治蚜虫为害，施用方法如下：

（1）用沼液14千克、洗衣粉溶液0.5千克（溶液按洗衣粉和清水0.1∶1比例配制），配制成沼液复方治虫剂，用喷雾器喷施。

（2）每亩田1次喷施35千克，第二天再喷施1次。

（3）喷施时间最好选择晴天的上午。

生产实践表明，用产气好的沼液防治蔬菜和果树蚜虫、菜青虫，喷施1次，防治率为70%左右，喷施两次可达96%以上。

2. 沼液防治玉米螟幼虫

玉米螟幼虫是春玉米、夏玉米的主要虫害。常规是用药液浇施于玉米心叶防治。用农药与沼液混合浇玉米心叶，可取得防虫、施肥双重效果。具体做法是：在玉米螟幼虫孵化盛期，用沼液50千克，加2.5%溴氰菊酯乳油10毫升配成药液。使用时将喷雾器喷头朝下浇心施药。施药6天和11天后观察，用加入溴氰菊酯的沼液与单独用药液防治效果完全相同，没有出现玉米螟幼虫为害。此外，还发现用沼液浸种、浇心叶后的玉米，叶色稍深，显得上冲。

3. 沼液防治果树红蜘蛛

在苹果、柑橘等果树生长期间，用沼液原液或添加少量农药喷施果树，可防治果树红、黄蜘蛛和螨、蚧等病虫害。沼液原液喷施果树，对红蜘蛛成虫杀灭率为91.5%，虫卵杀灭率为86%，黄蜘蛛杀灭率为 56.5％；沼液加 1/3 水稀释，对红蜘蛛成虫杀灭率为 82％，虫卵杀灭率为 84％，黄蜘蛛杀灭率为 25.3％。沼液浓度越高，杀虫效果越好。用沼液喷施果树时，加入 1/3 000～1/1 000 的甲氰菊酯，杀虫和杀卵效果非常显著，成虫和虫卵杀灭率可达 100％，而且药效期可持续 30 天以上。

在整个果树生长期内均可喷施沼液。喷施时间根据气温高低决定，气温高于 25℃时，宜在下午 5 时后喷施，气温低于 25℃时，可在露水干后全天喷施。使用前应先将沼液从正常产气使用 2 个月以上的沼气池水压间内取出，用纱布过滤，存放 2 小时左右，然后再用喷雾器喷施。喷施时重点喷在叶片的背面，因为叶子表面角质层较厚，喷施后不易被吸收利用。在喷施沼液时，根据树冠大小和树体营养状况补充养分效果更好。

（二）沼液防治农作物病害

科学实验和大田生产证明，沼液及用沼液制备的生化试剂可以防治作物的根腐病和赤霉病等病害。

1. 沼液防治大麦黄花叶病

大麦黄花叶病是一种蔓延于长江流域秋播地区的病害。它是由土壤禾谷类多黏菌侵袭大麦根系导致病毒侵入植株而引起的病害，病株开春后呈现萎缩、叶片黄花等症状，不能正常抽穗、结实，严重时颗粒无收。用沼液浸泡大麦种子，可以明显减轻这种病害，且病害随沼液浓度的增加而减少。用上海市农业科学院土壤肥料研究所研制的 AFP（沼液＋少量生化试剂）和 AFS（沼液浸种后用沼渣包粒）处理大麦种，黄花叶病发病率减少 50％～90％，增产 20％～50％。

2. 沼液防治西瓜枯萎病

西瓜枯萎病是一种顽固性土壤传播的真菌引起的。这种真菌分布广，传播快，地表至 60 厘米深度土壤中均带有病原菌，单纯用药剂防治很难见效，是西瓜生产的大敌。北京市大兴区能源办公室在西瓜生产中，每亩施沼渣 2 000～2 500 千克作基肥，用

20 倍沼液浸种 8 小时后，在催芽棚中育苗移栽，并在生长期叶面喷施 10～20 倍沼液 3～4 次，基本上可控制重茬西瓜地枯萎病大面积发生。即使有个别发病株，及时用沼液原液灌根，也能杀灭病原菌，救活病株。在西瓜膨大期，结合叶面喷施沼液，用沼渣进行追肥，不但枯萎病得到控制，而且获得较高的产量，西瓜品质也有所提高。

3. 沼液防治小麦赤霉病

赤霉病是小麦生产中的主要病害之一，其发病率高，流行面大。陕西省土壤肥料研究所进行了沼液防治小麦赤霉病的试验，结果证明：正常发酵产气的沼气池的沼液对小麦赤霉病有明显的防治效果，其作用和生产上所用的多菌灵效果相当；使用沼液原液喷施效果最佳，使用量以每亩喷 50 千克以上效果最好，盛花期喷 1 次，隔 3～5 天再喷 1 次，防治率可达 81.53%。

此外，沼液对棉花的枯萎病和炭疽病菌、马铃薯枯萎病、小麦根腐病、大麦叶锈病、水稻小球菌核病和纹枯病、玉米的大小斑病菌以及果树根腐病菌也有较强的抑制和灭杀作用；用沼液涂刷病树体，可防治苹果树腐烂病；沼液灌根，可防治根腐病、黄叶病、小叶病等生理性病害。

（三）沼液提高农作物抗逆性

沼液中富含多种水溶性养分，用于农作物浸种、叶面喷施和灌根等，吸收率高，收效快，一昼夜内叶片中可吸收施用量的 80% 以上，能够及时补充植物生长期的养分需要，强健植物机体，增强抵御病虫害和抵御严寒、干旱的能力。

试验表实，用沼液原液或 50% 液进行水稻浸种，可增强低温胁迫下秧苗质量和秧苗存活率，减轻低温胁迫对细胞的伤害，保持细胞完整性，提高根系活力，从而增强秧苗抵御低温的能力。用沼液对果树灌根，对及时抢救受冻害或其他灾害引起的树势衰弱有明显效果。在干旱期，对农作物喷施沼液，可引起植物叶片气孔关闭，从而起到抗旱的作用。

三、果树叶面沼液施肥

沼液中营养成分相对富集，是一种速效的水肥，用于果树叶面施肥，收效快，利用率高。一般施后 24 小时内，叶片可吸收喷施量的 80% 左右，从而能及时补充果树生长对养分的需要。

（一）喷施方法

果树叶面喷施的沼液应取自正常产气的沼气池出料间，经过滤或澄清后再用。一般施用时取纯液为好，但根据气候、树势等的不同，可以采用稀释或配合农药、化肥喷施。

1. 纯沼液喷施

果树喷施纯沼液的杀虫效果比稀释液好。喷施纯沼液对急需营养的树还能提供比较丰富的养分，因此对长势较弱、树龄较长、坐果的树等均应喷施纯沼液。

2. 稀释沼液喷施

根据气候以及树的长势，有时必须将沼液稀释喷施。如气温较高时，不宜用纯沼液，应加入适量水稀释后喷施。

3. 药肥配合喷施

当果树虫害猖獗时，宜在沼液中加入微量农药，这样杀虫效果非常显著。据树体营养需要，配合一定的化肥喷施，以补充果树对营养的需要。大年产果多时，因树体养分不足，可加入 0.05%～0.1% 尿素喷施；对幼龄及长势过旺的树、当年挂果少的树，可加入 0.2%～0.5% 磷、钾肥喷施以促进花芽形成。

（二）喷施时期和效果

果树地上部分每一个生长期前后，都可以喷施沼液。叶片长期喷施沼液，可使叶片肥大、色泽浓绿，增强光合作用，有利于花芽的形成与分化；花期喷施沼液，可保证所需营养，提高坐果率；果实生长期喷施沼液，可促进果实膨大，提高产量。此外，果树喷施沼液，对虫害有一定的防治效果。用纯沼液喷施果树，对红蜘蛛、黄蜘蛛、矢尖蚧、蚜虫、清虫等有明显的杀灭作用，杀灭率达 94% 以上。

四、果树根部沼肥施肥

果树长期用沼肥根部施肥，树势茂盛，叶色浓绿，病虫害明显减少，抽梢整齐，幼果脱落较少，果实味道纯正，产量比施化肥或普通有机肥高。

不同树龄采取不同的施肥方法。幼树施用沼肥结合扩穴，以树冠滴水为直径向外呈环向开沟，开沟不宜太深，一般 10～35 厘米深、20～30 厘米宽，施后用土覆盖，以后每年施肥要错位开穴，并每年向外扩展，以增加根系吸收范围，充分发挥肥效。挂果树成辐射状开沟，并轮换错位，开沟不宜太深，不要损伤了根系，施肥后覆土。

五、沼液用作无土栽培营养液

无土栽培是人工创造的根系环境取代土壤环境，并能对这种根系进行调控以满足植物生长的需要。它具有产量高、质量好、无污染，省水、省肥、省地，不受地域限制等优点。目前国内外均采用化学合成液作营养液，配制程序比较复杂，不易为群众掌握。利用沼气发酵液作无土栽培营养液栽培蔬菜，效果好，技术简单，易于推广。其技术方法如下：

经沉淀过滤后的沼气发酵液通过供液管自动流入栽培槽再进入贮液池，通过水位控制器连接的微型水泵，将贮液池里的沼气发酵液抽回供液池，从而完成营养液的循环过程（图 8-4）。

将育好的蔬菜苗按宽行 60 厘米、窄行 30 厘米移栽入栽培槽内，株距均为 33 厘米。对沼气发酵液的要求是：沼液必须取自正常产气一个月以上的沼气池出料间的中层清液，无粪臭、深褐色，根据蔬菜品质不同或对微量元素的需要，可适当添加微量元素，并调节 pH 为 5.5～6.0。在蔬菜培植过程中，要定期更换沼气发酵液。

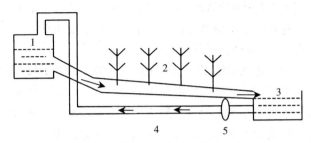

图8-4　沼气发酵液无土栽培蔬菜

1. 供液池　2. 栽培槽　3. 贮液池　4. 输液管　5. 微型水泵

沼液的营养成分齐全，经沼气发酵腐熟后，各种养分的可吸收态含量提高，是一种营养丰富的液体肥料，用作无土栽培的营养液，具有明显的增产效果（表8-8、表8-9）。

表8-8　沼液与无土栽培专用营养液成分比较

项目	硝态氮	氨态氮	磷	钾	钙	镁	硫	锰	锌	硼	钼	铜	铁
专用营养液	189	7	45	360	186	43	120	0.55	0.33	0.27	0.048	0.05	0.88
原沼液	0	984	247	500	590	161	68	11	1.2	0.91	0.2	0.19	4.5
稀释5倍沼液	0	197	49	100	118	35	13	2.2	0.24	0.18	0.04	0.04	0.9

表8-9　沼液与营养液无土栽培番茄产量比较

处理	株高（厘米）	茎粗（厘米）	果数（个）	果重（克）	株果重（克）	亩产（千克）	增产（千克）	增产（％）
沼液	252	0.86	19	108	2 033	5 940	1 095	22.6％
营养液	222	0.83	19.9	86	1 658	4 858		

从表8-8可见，沼液的营养成分除钾和硫外，其他营养元素均高于专用营养液4～5倍，稀释后可替代专用营养液。

沼液中的氮均以氨态氮的形式存在，这对于优先吸收硝态氮或对硝态氮与氨态氮并行吸收的蔬菜作物来说，不能直接利用，必须先经过硝化细菌的作用，将氨态氮转化成硝态氮。

采用毛细管孔隙度的煤渣、谷壳灰和泥炭作为沼液无土栽培的基质，有利于硝化细菌的富集和培养，适宜于番茄、黄瓜、生菜以及香石竹、唐菖蒲等蔬菜花卉的无土栽培。

经大棚对比试验结果，沼液用作无土栽培营养液增产效果十分显著，番茄产量比专用营养液每亩增产 1 095 千克，增产22.6％。不仅产量高，而且品质优，果实味道鲜，是无公害的绿色食品。沼液无土栽培的花卉，花期长，颜色鲜艳。

六、沼渣作有机肥

沼渣含有较全面的养分和丰富的有机质，其中还有一部分已被转化成腐植酸类物质，有利于土壤微生物的活动和土壤团粒结构的形成，其中的纤维素、木质素可以松土，所以沼渣具有良好的改土作用，是一种缓速兼备又具改良土壤作用的优质肥料。

（一）配制营养土

沼渣含有 30％～50％的有机质、10％～20％的腐植酸、0.8％～2.0％的全氮（N）、0.4％～1.2％的全磷、0.6％～2.0％的全钾和多种微量元素等，是配制营养土和营养钵的优质营养原料。

营养土主要用于蔬菜、花卉和特种作物的育苗，因此，对营养条件要求高，自然土壤往往难以满足，而沼渣营养全面，可以广泛生产，完全满足营养条件要求。用沼渣配制营养土和营养钵，应采用腐熟度好、质地细腻的沼渣，其用量占混合物总量的 20％～30％，再掺入 50％～60％的泥土，5％～10％的锯末，0.1％～0.2％的氮、磷、钾化肥及微量元素、农药等，拌匀即可。如果要压制成营养钵等，则配料时要调节黏土、沙土、锯末的比例，使其具有适当的黏结性，以便于压制成形。

（二）配制树苗容器土

将沼气发酵残留物晒干、打散，用孔眼 17 毫米×17 毫米的大筛筛除渣草。营养土配方为每 1 万株苗用沼气发酵残留物粉 30 千克、土 3 500 千克（其中森林表土占 40%，苗根土 40%，肥土 20%）、过磷酸钙 7.2 千克、氯化钾 4.3 千克。将其混合拌匀，然后装入特制的塑料袋中。每袋装营养土约 0.35 千克。此种配方基肥充足，可减少追肥次数和用量。

（三）作农作物基肥

一般作底肥每亩施用量为 1 500 千克左右，可直接泼洒田面，立即耕翻，以利沼肥入土，提高肥效。据四川省农业科学院生产试验，每亩增施沼肥 1 000～1 500 千克（含干物质 300～450 千克），可增产水稻或小麦 10% 左右；每亩施沼肥 1 500～2 500 千克，可增产粮食 9%～26.4%，并且，连施 3 年，土壤有机质含量增加 0.2%～0.83%，活土层从 34 厘米增加到 42 厘米。

（四）作农作物追肥

每亩用量 1 000～1 500 千克，可以直接开沟挖穴浇灌作物根部周围，并覆土以提高肥效。据试验：沼渣肥密封保存施用比对照增产 8.3%～11.3%，晾晒施用比对照增产 8.1%～10%；沼渣直接开沟覆土施用或沼渣拌土密封施用均比对照增产 5.7%～7.2%，而沼渣拌土晾晒施用比对照增产 3.5%～5.4%。有水利条件的地方也可结合农田灌溉，把沼渣加入水中，随水均匀施入田间。

（五）沼渣与碳酸氢铵堆沤

沼肥内含有一定量的腐植酸，可与碳酸氢铵发生化学反应，生成腐植酸铵，增加腐殖质的活性，提高肥效。当沼渣的含水量下降到 60% 左右时，可堆成 1 米左右的堆，用木棍在堆上扎无数个小孔，然后按每 100 千克沼渣加碳酸氢铵 4～5 千克，拌和均匀，收堆后用稀泥封糊，再用塑料薄膜盖严，充分堆沤 5～7 天，作底肥。每亩用量 250～500 千克，也可作苗期追肥。

（六）沼渣与过磷酸钙堆沤

每 100 千克含水量 50%～70% 的湿沼渣，与 5 千克过磷酸钙拌和均匀，堆沤腐熟 7 天，能提高磷素活性，起到明显的增产效果。一般作基肥每亩用量 500～1 000 千克，可增产粮食 13% 以上，增产蔬菜 15% 以上。

七、沼渣栽培食用菌

沼渣含有机质 30%～50%、腐植酸 10%～20%、粗蛋白质 5%～9%、全氮 1%～2%、全磷 0.4%～1.2%、全钾 0.6%～2.0% 和多种微量元素，与食用菌栽培料养分含量相近，且杂菌少，十分适合食用菌的生长，利用沼渣栽培食用菌具有取材广泛、方便、技术简单、省工省时省料、成本低、品质好、产量高等优点。

（一）沼渣栽培蘑菇

1. 培养料的准备和堆制

（1）沼渣的选择　一般来说，沼渣都能栽培蘑菇，但优质沼渣更能促进蘑菇的增产。所谓优质沼渣，是指在正常产气的沼气池中停留 3 个月后出池的无粪臭味的沼渣。

（2）栽培料的配备　蘑菇栽培料的碳、氮比要求 30：1 左右，所以每 100 米³ 栽培料需要 5 000 千克沼渣、1 500 千克麦秆或稻草、15 千克棉籽皮、60 千克石膏、25 千克石灰。含碳量高的沼渣可直接用于栽培蘑菇。

（3）栽培料的堆制　栽培料按长 8 米、宽 2.3 米、高 1.5 米堆制，顶部呈龟背形。堆料时，先将麦草铡成 30 厘米长的小段，并用水浸透铺在地上，厚 16 厘米；然后将发酵 3 个月以上的沼渣晒干、打碎、过筛后均匀铺撒在麦草上，厚约 3 厘米。照此方法，在第一层料堆上再继续铺放第二层、第三层。铺完第三层时，向堆料均匀泼洒沼液，每层 4～5 担（每担 40 千克），第四层至第七层都分别泼洒相同量的沼液，使料堆充分吸湿浸透。堆料 7 天左右，用细竹竿从料堆顶部朝下插一个孔，把温度计从孔中放入料堆内部测温。当温度达到 70℃时，进行第一次翻料。

如果温度低于 70℃，应适当延长堆料时间，使温度上升到 70℃时再翻料；并注意控制温度不要高于 80℃，否则原料腐熟过度，会导致养分消耗过多。第一次翻料时，加入 25 千克碳酸氢铵、20 千克钙镁磷肥、4 千克棉籽皮、14 千克石膏粉。加入适量化肥，可补充养分和改变培养料的理化性状；石膏可改变培养料的黏性而使其松散，并增加硫、钙等矿质元素。拌和均匀后，继续堆料。堆沤 5～6 天，测得料堆温度达 70℃时，进行第二次翻料。此次用 40%的甲醛液 1 千克，兑水 40 千克，在翻料时喷入料堆消毒，边喷边拌。如料堆变干，应适当泼洒沼液，以手捏滴水为宜，如料堆偏酸，可适当加入石灰，使料堆的 pH 以 7～7.5 为宜。然后继续堆料 3～4 天，当温度达到 70℃时，进行第三次翻料。在此之后，堆料 2～3 天即可移入菌床使用。整个堆料和 3 次翻料共约 18 天。

2. 菇房和菇床的设置

蘑菇是一种好气性菌类，需要充足的氧气，属中温型菌类，其菌丝体生长的最适宜温度是 22～25℃；子实体的形成和发育需要较高的湿度；菌丝体和子实体对光线要求不严格。因此，设置菇房时，要求菇房坐北朝南，保温、保湿和通风换气良好。菇房的栽培面积不宜过大。床架与菇房要垂直排列，菇床四周不要靠墙，靠墙的走道宽 50 厘米，床架与床架之间的走道宽 67 厘米。床架每层距离 67 厘米，底层离地 17 厘米以上。床架层数视菇房高低而定，一般 4～6 层，床宽 1.3～1.5 米。床架要牢固，可用竹、木搭成，也可以用钢筋混凝土床架，每条走道的两端墙上各开上、下窗一对，五层床架以上的菇房还要开一对中窗。上窗的上沿一般略低于屋檐，下窗高于地面 10 厘米左右，大小以 40 厘米宽、50 厘米高为宜。

3. 装床接种和管理

（1）菇房消毒 16 米² 的菇房用 500 克甲醛液兑水 20 千克喷在菇房内面和菌架、菌床上，喷完后随即将敲碎的 150 克硫黄晶体装在碗内，碗上盖少量柏树叶和乱草，点燃后，封闭门窗熏蒸1~2小时，3天后，喷高锰酸钾溶液（20粒高锰酸钾晶体兑水7.5千克），次日进行装床接种。

（2）装床接种　生产证明，最适宜的接种时间是9月10日左右，过早或过迟接种都会影响蘑菇的产量和质量。把培养料搬运到菌床上摊铺15厘米厚即可接种，每瓶菌种可播0.3米²左右。穴播，行株距10厘米。接种时，菌种要稍露出培养料的表面。气候干燥、培养料草多粪少或偏干时，接种稍深些；气候潮湿、料偏湿或粪多草少的接种可浅些。

（3）管理　接种后，菇房通风要由小到大，逐渐增加。接种后3天左右以保湿为主，初次通风，一般只开个别下窗。7天以后，进行大通风，并且在床架反面料内戳些洞，或撬松培养料，以使料中间的菌丝繁殖生长。播种后18天左右，当培养料内的蘑菇菌丝基本长到料底时进行覆土。

①覆土应选团粒结构好、吸水保湿能力强、遇水不散的表层15厘米以下的壤土。覆土分粗细两种，粗土以蚕豆大小为宜，每平方米27千克左右。细土大于黄豆，粒径约6毫米，每平方米22千克左右。覆土前5天左右，每110米²栽培面积的土粒，用甲醛1千克兑水喷洒后，用塑料薄膜覆盖熏蒸消毒12小时。再用敌敌畏1千克兑水喷洒，盖上薄膜12小时，待药味散发后进行覆土。先用粗土覆盖培养料。3天后进行调水，接连调水3天，每平方米用水9千克左右，调至粗土无白心，捏得扁。覆粗土后8天左右，当菌丝体爬到与粗土基本相平时，覆盖细土。一般覆细土后的第二天开始调水，连调2天，调到细土捏得扁，其边缘有裂口即可，每平方米用水12千克左右。覆土能改变培养料中氧和二氧化碳的比例与菌丝体生长的环境，促进子实体的形成。覆土层下部土粒大，缝隙多，通气良好，利于菌丝体生长。上层土粒小，能保持和稳定土层中的湿度。

②温度和湿度。20~25℃是菌丝体生长的最适宜温度。低于

15℃，菌丝体生长缓慢；高于 30℃，菌丝体生长稀疏、瘦弱，甚至受害。调节温度的方法是：温度高时，打开门窗通风降温；温度低时，关门或暂时关闭 1～2 个空气对流窗。培养料的湿度为 60%～65%，空气相对湿度为 80%～90%。调节湿度的办法是：每天给菌床适量喷水 1～2 次；湿度高时，暂停喷水并打开门窗通风排湿。

③补充营养。最初菌丝体长得稀少时，用浓度为 0.25×10^{-6}～1×10^{-6} 的三十烷醇（植物生长调节剂）10 毫升兑水 10 千克喷洒菌床。

④加强检查，经常保持空气流通，避免光线直射菌床。

⑤每采摘完一次成熟蘑菇后，要把菇窝处的泥土填平，以保持下一批菇的良好生长环境。

（二）沼渣栽培平菇

平菇是一种生命力旺盛、适应性强、产量高的食用菌，沼渣栽培平菇的技术要点如下：

1. 沼渣的处理

选用经充分发酵腐熟的沼渣，将其从沼气池中取出后，堆放在地势较高的地方沥水 24 小时，其水分含量为 60%～70%时就可作培养料使用。注意不要打捞池底沉渣，以免带入未死亡的寄生虫卵。在沥水过程中，要盖上塑料薄膜，防止蝇虫产卵污染菇床。

2. 拌和填充物

由于沼渣是经长期沼气发酵的残留物，大都成不定形状态，通气性差，因此，用沼渣作培养料，需添加棉籽壳、谷壳、碎秸秆等疏松的填充物，以增大床料的空隙，有利于空气流通，满足菌丝体生长发育的需要。沼渣与填充料的比例以 3：2 为宜。填充料先加适量的水拌匀后，再与沥水后的沼渣拌和即可放入菇床。如果用棉籽壳作填充料，必须无霉变，使用前要晾晒。

3. 菇床的选择

平菇在菌丝体生长阶段，最适温度为 25～27℃，空气相对湿度为 70％；长菇阶段，最适温度为 12～18℃，培养料表面湿度和空气相对湿度为 90％左右。平菇对光线要求不高，有漫射光即可。菇床地一般选择通风的室内。如果菇床设在楼上的地面，需用塑料薄膜垫底保湿。菇床宽 0.8～1.0 米，长度视场地而定，培养料的厚度 6.5～8 厘米。

4. 掌握播种期

平菇培养时间是 9 月下旬至翌年 1 月底，这 120 天之内均可播种。每 100 千克培养料点播菌种 4 千克。菌种要求菌丝体丰满，无杂菌，菌龄最好不超过 1 个月。播种按株行距 6.5 厘米点播，点播深度 3.3 厘米，每穴点蚕豆大小一块，播后用塑料薄膜覆盖，以保温、保湿。

5. 日常管理

平菇的菌丝体生长阶段是积累养分的阶段，水分和氧气需要量不大，因此需用薄膜盖好，以保湿、保温和防止杂菌污染。一般每隔 7 天揭膜换气 1 次。当子实体形成后，需水量和需氧量增大，这时要注意通风和补充水分。当菌珠开始出现，菌床表面湿润，薄膜内有大量水珠时，应将薄膜支起通风。通风后如菌床表面干燥，可进行喷水管理。喷水的原则是天气干燥时勤喷、少喷，雨天不喷。

6. 适时采收

在适宜条件下，从出菇到长成子实体（供食用部分），需经过 7 天左右，子实体长到八成熟即可采收。采收要适时，过早会影响产量，过迟会影响品质。第一批采收后，经过 15～20 天又可采收下一批。培养料接种后，一般可采三四茬平菇。

7. 追施营养液

收获一茬平菇后需追施营养液，以促进下批平菇早发高产。追施的方法是：用木棒在培养料表面打 2 厘米深的孔，用 0.1％

的尿素溶液或 0.1％的尿素溶液加 0.1％的糖水灌注。

8. 病虫害的防治

在高温、高湿的条件下，培养料容易生虫、长杂菌，若发现杂菌生长，应及时挖净；若发现虫害，可用 0.2％～0.3％的敌敌畏喷雾或用敌敌畏棉球熏杀，但要注意防止药害。

（三）沼渣瓶栽灵芝

灵芝的生长以含碳化合物如葡萄糖、蔗糖、淀粉、纤维素、半纤维素、木质素等为营养基础，同时也需要钾、镁、钙、磷等矿质元素。沼气发酵残留物中所含的营养元素能够满足灵芝生长的需要。利用沼渣瓶栽灵芝的技术方法和要点如下：

1. 沼渣处理

选用正常产气 3 个月以上的沼气池中的沼渣，其中应无完整的秸秆，有稠密的小孔，无粪臭。将沼渣烘至含水量 60％左右备用。

2. 培养料配制

由于沼渣有一定的黏性，弹性较差，通气性不好，不利于菌丝体下扎，因此需要在沼渣中加 50％的棉籽壳，以克服弹性差和透气性差的缺点。另外可加少量玉米粉和糖。配制时将各种配料放在塑料薄膜上用手拌匀。

3. 装瓶及消毒

用 750 毫升透明广口瓶装料，培养料装至瓶高的 3/4 处。要边装边拍，使瓶中的培养料松紧适度，装完后将料面刮平。然后用木棍在料面中央打一个孔洞至料高的 2/3 处，旋转退出木棍。装瓶后，将瓶倒立于盛有清水的容器中，洗净瓶的外壁，再将瓶提起并倾斜 45°左右，让水进入瓶内空处，转动瓶子以清洗内壁。然后取出，擦干瓶口，塞上棉塞，蒸煮 6 小时，再消毒。蒸后在蒸笼里自然冷却。

4. 接种

接种前，接种箱和其他用具需先用高锰酸钾溶液消毒。接种时，将菌种瓶放入接种箱内，先将菌种表面的菌皮扒掉，再用镊子取一块菌种，经酒精灯火焰迅速移入待接种的培养瓶内，放在培养料的洞口表面，塞上棉塞，一瓶就接种完毕。

5. 培养管理

接种后的培养瓶放在培养室里培养，温度控制在 24～30℃（菌丝体最适生长温度为 27℃），相对湿度控制在 80%～90%。发现有杂菌的培养瓶应予以淘汰。灵芝的菌丝体在黑暗环境中也能生长，但在子实体生长过程中需要较多的漫散光，并要有足够的新鲜空气。

第三节　沼肥在养殖业中的应用

沼气发酵主要消耗碳水化合物，特别是淀粉、糖类等易分解的碳水化合物。由于这些基质随发酵进程消耗，使总基质量变小，不易损失的蛋白质和矿物质含量相对提高，且大部分元素活性提高，因此，沼气发酵剩余物可作为淡水养殖和腐食动物的营养饵料利用。

一、沼气发酵残留物养殖蚯蚓

蚯蚓是一种高蛋白质和高营养物质的低等环节动物，以摄取土壤中的有机残渣和微生物为生，繁殖力强。据资料介绍，蚯蚓含蛋白质 60% 以上，富含 18 种氨基酸，有效氨基酸占 58%～62%，是一种良好的畜禽优质蛋白饲料，对人类亦具有食用和药用价值。蚯蚓粪含有较多的腐植酸，能活化土壤，促进作物增产。用沼渣养蚯蚓，方法简单易行，投资少，效益大。尤其是把用沼渣养蚯蚓与饲养家禽、家畜结合起来，能最大限度地利用有机质，并净化环境。

（一）养殖方法

用沼渣养殖蚯蚓，只要掌握好温度、湿度、饵料、pH、安静、光照，特别是温度、湿度、饵料三要素，就能取得事半功倍的成效。主要技术措施如下：

1. 修建养殖床

选择地势较高的向阳地面作蚓床。蚓床下的泥土应拍实。床体用砖块围成，长 10 米、宽 1.5 米，后墙高 1.3 米，前墙高 0.3 米。床的四周需挖排水沟，以防积水渗入床内。床的两头留有对称的风洞，后墙留一排气孔。冬季床面要搭架覆盖薄膜防风，上面加盖草席保温。夏季拆除塑料薄膜，可在饵料上盖 10～15 厘米的湿草，并搭简易凉棚遮阳防雨。

2. 配制饵料

将出池的沼渣晾干，让氨气、沼气逸出。用 70% 的沼渣、20% 的烂碎草、10% 的树叶及烂瓜果皮拌土后放入养殖床，堆放厚度为 20～25 厘米。

3. 引种和管理

蚓床内堆置饵料后即可投放蚓种。一般每平方米养殖面积可养成蚓 1 万条，养幼蚓 2 万～2.5 万条，两者混养 1.2 万～1.6 万条为宜。投放后盖上 10～15 厘米厚的碎稻草，保持饵料的含水量在 65% 左右。一般每隔 1 个月左右加 1 次饵料。冬季晴天，可以在上午将草席揭开，让阳光射入蚓床内，下午再将草席盖上。下雪时应及时清除床面积雪。

4. 温湿度控制

蚯蚓生长的正常饵料温度应保持在 5～30℃，适宜温度为 15～20℃，最高不得超过 35℃。饵料的含水量为 60%～70%，孵化蚓卵环境的含水量为 60%～65%。因此，如果蚓床温度超过 22℃，应打开风洞通风，使温度保持在最适范围之内。

5. 调节酸碱度

蚯蚓饵料的 pH 一般控制在 6～8。沼渣一般都为中性，用作蚯蚓的饵料，可不必调节 pH。

6. 清理蚓粪

在养殖过程中，需要定期清理蚓粪，清理时，既要将蚯蚓、蚓粪分开，又不要伤害蚯蚓。可利用蚯蚓喜湿畏光的特性，采取4种办法分离。

①引诱法：将床内蚯蚓、蚓粪混合物堆缩 1/2，空下 1/2 的空面，在空面上投放新鲜腐熟饵料，经 40～60 小时，蚯蚓就进入新鲜饵料中，诱蚓率达 95% 以上。

②网取法：将 4 毫米×4 毫米网孔的铅丝网放在蚓床上，再把新鲜饵料投在网上，厚 50 毫米，经过 24 小时后，将蚯蚓诱到网上，再把网移开，分离率可达 90% 以上。

③光照法：先将表层蚓粪扒开，再用 200 伏、500 瓦的碘钨灯光照射并移动灯光，逼使蚯蚓下钻，即可清除上层蚓粪，分离率达 90% 以上。

④干湿法：使蚓床的一端保持湿润，另一端让其水分蒸发，蚯蚓便自动转移到湿润的一端，48～72 小时后，可使 90% 的蚯蚓分离出来。

7. 提取成蚓

蚯蚓从产卵到成蚓，一般需 3～4 个月，每年至少可以成熟3 批，每平方米年产量约 22.5 千克，因此，在养殖过程中，要不定期地提取成蚓。重量达到 0.5 克左右即为成蚓。提取方法是：用孔目 2 毫米×2 毫米、长 1 米、宽 0.7 米的塑料网平放在蚓床上，在网上投放新料（可加 5% 的五香液），厚 5 厘米，24小时，小蚯蚓移到网上，成蚓留在网下，再用光照法或用 4 毫米×4 毫米的铅丝网处理，即可将成蚓分离出来。

8. 防止伤害

养殖蚯蚓要防止水蛭、蟾蜍、蛇、鼠、鸟、蚁、螨等天敌伤害，养殖床应有遮光设施，切忌强光直射。要始终保持养殖区安静的环境，不要随意翻动养殖面。要避免农药、废气的污染。刚出池的新鲜沼渣不能马上放入蚓床喂蚯蚓，需要散开晾干后饲喂，以免引起蚯蚓缺氧死亡。

（二）蚯蚓综合利用

沼渣养殖蚯蚓用于喂鸡、鸭、猪、牛，不仅节约饲料，而且增重快，产蛋量、产奶量提高。蚯蚓不仅可作畜禽饲料，还可以加工生产蚯蚓制品，用于食品、医药等各个领域。

1. 蚯蚓养殖禽畜

对于室内笼养鸡，用鲜蚯蚓饲喂，其投饵量占谷物饲料的 $10\% \sim 20\%$ 为宜，投喂时切碎拌在配合饲料中即可。小雏鸡用量占日粮的 5% 左右，1 个月以后的中雏鸡可加大到 10%，并逐渐增加到 15%；育肥鸡和蛋鸡产蛋期可增加到占日粮的 20%。鸭子的消化能力强，蚯蚓投喂量可以适当加大。据测定，采用蚯蚓作添加饲料，白洛克肉用鸡生长速度加快 30%，一般肉用鸡提早 $7 \sim 10$ 天上市，雏鸡成活率提高 10% 以上，鸡鸭的产蛋率均提高 $15\% \sim 30\%$。

用蚯蚓饲喂牛、羊、猪等家畜，则可喂蚯蚓干粉，或蒸煮熟喂。因为在各种家畜中，除肉食性家畜外，草食家畜都拒绝吃生蚯蚓，所以用蒸熟的蚯蚓比较好。对于哺乳期的母畜和子畜喂蒸熟的蚯蚓效果更明显。一头奶牛每天喂蚯蚓 250 克，产奶量可提高 30%；用熟蚯蚓作添加饲料，生猪的生长加快 $19.2\% \sim 43\%$；奶山羊辅以蚯蚓饲料，泌乳量增加 $20\% \sim 40\%$。

用蚯蚓作添加饲料时，不能时断时续，否则效果不佳。投喂蚯蚓时，量不能过大，如喂猪不宜超过日粮的 8%。因为蚯蚓体内有一种 γ-甲酸，具有麻醉作用，如喂量过多，会引起胃肠麻痹，影响食欲。用鲜蚯蚓作饲料时，必须现取现喂，或快速加工，不宜投喂死蚯蚓和待蚯蚓死后才加工。

2. 蚯蚓喂鱼虾

用活蚯蚓喂鱼，以喂半两*到 2 两的幼鱼效果为最好，并且在幼鱼阶段，各种鱼类都吞食蚯蚓。鲤鱼、鲢鱼、鲟鱼、河鳗最

---

* 两为非法定计量单位，1 两＝50 克。

爱吞食蚯蚓，幼鱼和成鱼均可饲喂；草鱼长到一定大小后，以草食饵料为主，虽然也吞食一些浮游生物，但对蚯蚓等个体较大的肉食饵料很少吃；鲢鱼和鳙鱼在幼鱼阶段也吞食蚯蚓，在个体稍大时专食鱼池底层的腐殖质和浮游生物。

用蚯蚓喂黄鳝，要在养鳝池内筑一个略高于水面的泥墩，傍晚时，将蚯蚓投放到池内泥墩上。天黑后，黄鳝就会游出水面觅食，自动汇集于泥墩四周吞食蚯蚓。用蚯蚓喂黄鳝，可以提高黄鳝的产卵率和成活率，加快它的生长速度。

将活蚯蚓搅成浆，与干燥的配合饲料混匀生产颗粒冷冻饵料，能保留蚯蚓体液与体腔液中消化酶的活性。这种饵料在水中不易溶解、溃散，在淡水水面可以飘浮20分钟左右，是很好的活性饵料。用这种活性饵料养殖鱼、虾、鳝等，均可取得喜人的效益。

3. 蚯蚓的医药用途

我国明代著名医学家李时珍在《本草纲目》中记载：用蚯蚓煎水服用，可治伤寒、大腹黄疸等病；用焙干的蚯蚓粉服用，可治饮食不振，胃口不良；用盐调制鲜蚯蚓，可治高烧和小儿癫痫，治丹毒，敷疮疖；用葱汁调制蚯蚓液滴耳，可治耳聋，饮用可治中风和喉咙肿痛；蚯蚓干体研末，还可以去蛇毒，治脚气病、伤寒、疟疾、大便不通等。

（1）用蚯蚓治高血压 用蚯蚓干粉40克，投入装100毫升含55%酒精的白酒中，每日振荡两次，浸泡3昼夜后备用，日服3次，每次10毫升。或用水吞服地龙糖丸（用糖调制蚯蚓干粉制成），每日3次，每次3～4克，连续服1～2个月，对原发性高血压有较好的疗效。

（2）用蚯蚓治疗腮腺炎等 取蚯蚓1千克，置于水中排尽消化道中的粪土，洗净后，置于干净盆中，撒入白糖0.25千克，拌匀。1～2小时后可得蚯蚓体腔的渗出液700毫升左右，然后用纱布过滤，将滤液高压消毒后，置于冰箱中备用。治疗时，用浸出液在腮腺炎患处每2～3小时抹1次（先用盐水清洗皮肤），一般 1～3 天即退烧退肿。用蚯蚓浸出液涂抹烫伤患处，每天 1～2 次，愈后不留疤痕。每天饭前半小时服用蚯蚓浸出液约 40 毫升，连续服用 4～6 周，可使胃溃疡愈合。

（3）用蚯蚓治疗丹毒　活蚯蚓 5 份，白糖 1 份，加适量冷水调拌，捣烂后涂敷于患处，每天 2～3 次，2～3 天即可痊愈。

（4）治疗沙眼　蚯蚓数条，洗净后加入蚯蚓体重 1/10 的食盐，半小时后过滤。将滤液在 60℃ 的水中放置半小时，如此间歇重复 3～4 次，置低温处保存备用。每天滴眼 2～3 次，10 天为一个疗程。

（5）制成地龙中药材　将蚯蚓洗净，放在草本灰中拌后晒干即成地龙。也可先剖开体壁，去掉内脏及粪土，压平晒干，此法制成的地龙挺直、扁平、卫生，质量较高。我国药用地龙深受外国欢迎，如日本所用的药用地龙，80% 是从我国进口的。

二、沼气发酵残留物养殖土鳖虫

（一）养殖方法

1. 准备工作

将经沼气发酵 45 天后的沼渣从沼气池水压间（出料间）取出，自然风干后，再按 60% 的沼渣，10% 的烂碎草、树叶，10% 的瓜果皮、菜叶，20% 的细沙土混在一起拌和，堆好后备用。饲养时，可根据条件分别采用洞养或池养。洞养一般是在室内挖一个瓮形的地洞，深 1 米左右，口径 0.67 米左右，如果地下湿度大，洞可挖浅一些。洞壁要光滑，洞内铺放 0.33 米厚的沼渣混合料，如果有去了底的大口瓮埋到土里作饲养池则更好。大量饲养土鳖虫用池养比较合适。饲养池可用砖砌成 1 米长、0.67 米宽、0.5 米高的长方形池子，池子壁墙要密封，池口罩上纱网，防止土鳖虫逃走及鸡、鸭、猪、猫偷吃。池底铺上 0.17 米厚的沼渣混合料，混合料要干湿均匀，其湿度以手捏成团、一扔即散为佳，这样的湿度最适合土鳖虫的生长。

2. 饲养管理

（1）正确投饵　土鳖虫是一种杂食性昆虫，树叶、青草、菜叶、烂水果、玉米棒等都吃。在饲养初期的 1～2 个月，土鳖虫依靠池底铺料生活，不需投料。以后每天可按铺料的配比适当添加沼渣混合饵料。如果每隔 1 周再加喂一点玉米、麦麸、豆饼之类的精料，土鳖虫长得更快。但精料不宜多喂。若过多，土鳖虫全身发亮，呈出油样，慢慢地死去。土鳖虫喜湿怕干、喜静怕光，白天一般躲在暗处，到了夜晚或白天寂静无人时才出来活动或找食，所以投料时间最好选择在傍晚。每个池子一般养 4 千克土鳖虫，每次投料量 1～1.5 千克。新鲜的饵料最好均匀地撒在铺料上。投料时，若发现池中的铺料干燥可喷洒些水，使铺料保持一定的湿度。

（2）掌握饲料温度　土鳖虫在温度为 20～40℃时最活跃，这段时间可勤喂料、喂精料。温度低于 10℃，土鳖虫就开始休眠，这期间不需要喂食。土鳖虫耐寒力极强，即使在 -60℃ 也不会冻死，虽然看上去已经干瘪，可一到春天气温转暖，它又能"起死回生"。

（3）产卵期的管理　一只土鳖虫大约能活 5～6 年，其中产卵期只有 2～3 年。土鳖虫的一生分为卵、幼虫、成虫三个阶段。第一年孵化幼虫不产卵，第二年开始少量产卵，第三年是产卵盛期（一只雌虫 1 周能产 1 个卵块），从第四年开始产卵越来越少。土鳖虫产卵时尾部拖一个绿豆大的卵块，一个卵块内有 8～12 粒卵子，平均一个卵块能出幼虫 10 只左右。在土鳖虫产卵盛期，每隔 7 天要用细筛子轻轻地筛 1 次池子里的铺料，卵块筛出来以后，放在装有细沙土的破瓮里，使温度保持在 28℃以上（不超过 40℃），40 天以后小幼虫就可孵化出来，若饲养得好，1 千克成虫能产 1 千克卵，即能产出 2 万多只小土鳖虫。

（二）土鳖虫的加工和利用

1. 土鳖虫的加工

土鳖虫要加工成药才能出售。一般到秋季，用大眼竹筛把池子里的铺料筛 1 次，选大个的土鳖虫进行加工，小的留着继续饲养。土鳖虫的加工方法有两种：一是把土鳖虫放到开水里烫死，捞出后晒干；另一方法是先用清水把土鳖虫洗干净，再按 1 千克土鳖虫加 0.1 千克食盐的比例，把土鳖虫放到盐水里煮死，然后晒干或小火烘干，制成的药用土鳖虫，各地医药公司都可收购。

2. 土鳖虫的用途

土鳖虫是一种药用价值很高的中药材，它的中药名称为土元，学名称为地鳖，具有舒筋活血、去瘀通经、消肿止痛之功能。

三、沼气发酵残留物养鱼

沼肥作为淡水养殖的饵料，不仅营养丰富，能加快鱼池浮游生物繁殖，使耗氧量减少，改善水质，而且常用沼肥，水面能保持茶褐色，易吸收光照和热量，提高水温，加之沼肥的 pH 为中性偏碱，能使鱼池的保持中性，这些有利因素能促进鱼类更好生长。所以，沼肥是一种很好的养鱼营养饵料。

（一）养鱼种类及比例

沼肥养鱼的放养结构与沼肥施放方式有关，如果用沼肥直接作饵料，一般每亩放养鱼苗 400 尾左右，花鲢、白鲢等滤食性鱼类比例不低于 70%，搭配放养 20%～30% 的鲤鱼、鲫鱼等杂食性鱼类和少量草食鱼类如草鱼、鳊鱼等。如果将沼渣制成颗粒饲料，可按一般常规池塘养鱼放养，草食性鱼类不少于 40%，再搭配其他鱼类。同时可实行鱼蚌混养，养蚌育珠，以充分利用沼肥营养和天然饵料优势，提高鱼塘的经济效益。

（二）沼肥施用量

用沼肥养鱼，应按照少量多次的原则，以水色透明度为依据施用沼肥。水色透明度 5～6 月和 9～10 月不低于 20 厘米，7～8 月以 10 厘米为宜。适宜的水色为茶褐色或黄绿色，若水色过淡，透明度过大，要加大施肥量；若水色过浓，透明度过小，要减少或停止施肥。施肥宜选在晴朗天气的上午进行，7～8 月高温季节追施沼液效果最好。

（三）沼肥养鱼的效应

1. 提高鲜鱼的产量

鱼池使用沼肥后，改善了鱼池的营养条件，促进了浮游生物的繁殖和生长，因此，提高了鲜鱼产量。据南京市水产研究所用鲜猪粪与沼肥作淡水鱼类饵料进行对比试验，结果后者比前者增产鲜鱼 19％～38％。

2. 改善鲜鱼的品质

施用沼肥的鱼池，水中溶解氧增加 10％～15％，改善了鱼池的生态环境，因此，不但使各类鱼的蛋白质含量明显增加，而且对影响蛋白质质量的氨基酸组成也有明显的改善，并使农药残留量呈明显的下降趋势，所以营养价值高，食用更加安全可靠。

3. 减少鱼病的发生

沼肥经腐熟和发酵，消除了其中的虫卵和病菌。因此，减少了鱼病的发生，烂腮、赤皮、肠炎、白嘴等鱼类常见病和多发病得到了有效控制。

（四）注意事项

应用沼肥养鱼要根据天气变化及时调整沼肥施用量，天气闷热和阴雨连绵时少施或不施。施肥后，要经常对鱼塘进行检查，以鱼类浮头时间不过长、日出后很快下沉为宜。若用沼渣制成颗粒饲料，按饲料系数为 2 的比例进行投放即可。年终需将未吸收的鱼池沉积物进行清理，并施放一定量的石灰中和酸性，增加钙质，以利于以后鱼池水质的调节和控制。

（五）沼气发酵残留物养殖鳝鱼

沼气发酵残留物含有较全面的养分，它既可被鳝鱼直接吞食，又能培养出大量的浮游生物，给鳝鱼提供喜食的饵料。由于沼气发酵残留物是已经发酵腐熟的有机质，投入鳝鱼池后不会较多地消耗水中的溶氧量，因此有利于鳝鱼生长。

1. 养殖方法

（1）建好鳝鱼池　鳝鱼池池基选择向阳、靠近水源、不易渗漏、土质良好的地方。面积 $4\sim5$ 米^2，可连片建成池组，池深 1.2 米、宽 1.7 米，为地下平底结构，采用水泥或三合土建池，池墙四周用 $20\sim30$ 厘米大小的石头砌一道高 $0.5\sim0.6$ 米、宽 0.6 米的巢穴埂，将池分成两半。用田里的稀泥糊盖石墙的缝口，以便鳝鱼在巢穴埂的稀泥缝中打洞做穴。再取沼渣与田里的稀泥各 1 份，混合好后均匀地铺在池内，厚度为 $0.5\sim0.6$ 米，作为鳝鱼的基本饲料和夜间活动场地。

（2）饲养管理　铺完料后，向池中放水，水深冬、春季为 0.17 米，夏季 0.6 米，秋季 0.35 米左右。3 月中下旬投放鳝鱼种，不投放其他饲料。7 月下旬至 8 月，鳝鱼陆续产卵孵化，食量渐增，应加喂饲料 1 个月左右，每平方米投放 0.5 千克左右沼渣。投沼渣后 $7\sim10$ 天进行换水，以保持池内良好的水质和适当的溶氧量，防止缺氧。鳝鱼是肉食性鱼类，喜吃活食。在催肥增长阶段，每隔 $5\sim7$ 天定点投喂 1 次切碎的螺蚌肉或蚯蚓，投喂量为鳝鱼体重的 4%。

（3）日常管理

①养殖期间，要随时观察鳝鱼池，发现鳝鱼缺氧浮头时，应立即换水。

②鳝鱼是一种半冬眠的鱼类，在入冬前要大量摄食，贮藏养分供过冬消耗，因此入冬前要喂足饵料。入冬后放干池水，并用稻草覆盖，厚度以不窒息鳝鱼为宜，以保护池温，避免冻死鳝鱼。鳝鱼池加盖塑料薄膜保温效果更好。

③养殖期间，如发现鳝鱼背部出现黄豆大小的黄色图形病斑时，可在池内投放几只活癞蛤蟆，其身上的蟾酥有预防和治疗梅花斑状病的作用。

2. 注意事项

（1）严禁鸭子入池捕食鳝鱼。

（2）在鳝鱼生长期内，要防止洪水冲毁、淹没鱼池。

（3）大小鳝鱼应分开饲养，避免大鳝鱼吃小鳝鱼。

（六）沼气发酵残留物养殖泥鳅

泥鳅是一种高蛋白质鱼类，不但味道鲜美，肉质细嫩，而且药用价值很高。日本人誉之为"水中人参"，其营养价值高于鲤鱼、黄鱼、带鱼和虾等。泥鳅还是一味良药，有温中益气的功效，对治疗肝炎、盗汗、痔疮、跌打损伤、阳痿、早泄等病均有一定的疗效。对中老年尤为适宜。它脂肪含量少，含胆固醇更少，且含有一种类似二十碳五烯酸的不饱和脂肪酸，是一种抵抗人体血管硬化的重要物质。

1. 养殖方法

（1）养鳅池建造　养鳅池以面积 $1\sim100$ 米^2、池深 $0.7\sim1$ 米为宜。池壁要陡，并夯紧捶实，最好用三合土或水泥建造，以防泥鳅逃跑。进出水口要安装铁丝网，网目以泥鳅苗不能逃跑为度。池底铺设 $20\sim30$ 厘米厚的用沼渣和田里的稀泥各 1 份混合好的泥土，并做一部分带斜坡的小土包。土包掺入带草的牛粪，土包上可以种点水草，作为泥鳅的基本饲料和活动场地。在排水口处底部挖一个鱼坑，坑深 $30\sim40$ 厘米，大小为养鳅池的 1/20，以便泥鳅避暑和捕捉泥鳅。养鳅池建好后，用生石灰清塘消毒，待药性消失后，即可放水投放泥鳅苗。

（2）泥鳅的繁殖

①自然产卵。选择一个小型产卵池（水泥池、土池均可），适当清整后注入新水。每立方米水体用生石灰 100 克化浆泼洒全池，待药性消失后，按雌、雄比例 1：2 投放雌鳅 0.3 千克/米^2，当水温达到 15℃以上时，即用棕榈树片或者柳树根、水草扎成鱼巢分散放在池中。发现泥鳅产卵于巢上时，应及时取出转入孵化池孵化。也可在原产卵池内孵化，但必须将雌鳅全部捕出，以免雌鳅大量吞食泥鳅苗。

②人工孵化。应能及时掌握雌鳅发情时间，将其捕出进行人

工授精。即将泥鳅精、卵挤入盆中，用鹅毛搅拌，1分钟后，再徐徐加入适量滑石粉水（黄泥浆水也可）充分搅拌。受精卵失去黏性后，便可放入孵化缸或孵化槽中孵化。孵化池的水流量以翻动泥鳅苗为度，水流量过小则泥鳅苗沉积池底窒息致死；过大则消耗泥鳅苗体力，导致泥鳅苗死亡。泥鳅卵在适宜水温（20～28℃）下，一般1～2天即可出膜孵出幼苗。一般每立方米水体可孵化鳅卵50万粒左右。

（3）泥鳅苗的饲养管理　刚孵出的泥鳅苗必须专池培育。池内水深30～50厘米，放养密度为800尾/米² 左右。如实行流水饲养，放养密度可加大到2 000尾/米²。饲养初期投喂蛋黄、鱼粉、米糠等，随后每天按泥鳅苗总重量的2%～5%投喂配合饵料和适量的沼液。沼液既可使泥鳅苗直接吞食，又可繁殖浮游生物，补充饵料。6～9月投饵量逐渐提高到10%左右，沼液也要适量增加，每天上、下午各投喂1次。沼液投入后，使浮游生物大量繁殖，保持池水呈浅绿色或茶褐色，有利于吸收太阳能，提高池水的温度，促进泥鳅的生长。施用沼液后要经常对养鳅池进行检查，若溶氧量偏低，应及时采取增氧措施。8～9月水温增高，泥鳅生长快，耗食量大，可适当多施。一般水的透明度不低于20厘米，如透明度过低，应换水。

（4）成鳅的饲养管理　成鳅池水深50厘米左右。放养密度为0.1千克/米²（尾长5厘米），投喂麦麸、米糠、米饭、菜籽饼粉、玉米粉、沼渣、沼液等，每天投入量按泥鳅体重计算：3月为1%，4～6月为4%，7～8月为10%，9～10月为4%，11月至翌年2月可不投饵。沼渣、沼液可交换投放，以次多量少为佳，根据水质变化而定。刚投完沼肥不宜马上放水（除溶氧量太低外），以利于泥鳅直接吞食和浮游生物的生长。酷暑季节，养鳅池上方要搭设遮阳棚（最好栽种葡萄或瓜果），并定期加注新水入池。冬季可在养鳅池四角堆放沼渣，供泥鳅钻入保温。

2. 注意事项

（1）在原产卵池内孵化鳅苗后必须将雌鳅全部捕出，以免雌鳅大量吞食泥鳅苗。

（2）养鳅池的水质透明度不低于 20 厘米时，应换水。

（3）刚投完沼肥不宜马上放水，以利于泥鳅直接吞食沼肥。

附录 1 各种能源折算标准煤参考值

能源种类	折算煤系数	能源种类	折算煤系数
煤炭	0.714	秸秆	0.464
焦炭	0.943	稻秆	0.429
石油	1.429	麦秆	0.500
天然气	1.214	玉米秆	0.500
液化石油气	1.714	高粱秆	0.500
城市煤气	0.571	大豆秆	0.529
汽油	1.471	薯类	0.429
柴油	1.571	杂粮	0.471
煤油	1.471	油料作物	0.500
重油	1.429	蔗叶	0.471
渣油	1.286	蔗渣	0.500
电	0.400	棉花秆	0.529
沼气	0.714	薪柴	0.571
粪便	0.429	青草	0.429
人粪	0.500	荒草、牧草	0.471
猪粪	0.429	树叶	0.471
牛粪	0.471	水生作物	0.429
骡马粪	0.529	绿肥	0.429
羊粪	0.529		
兔粪	0.529		

附录 2　国际单位制与工程单位制的单位换算

1. 压力单位换算

Pa	bar	At（kgf/cm²）	atm	mmHg	mmH$_2$O
帕	巴	工程大气压	标准气压	毫米汞柱	毫米水柱
1×10^5	1	1.019 7	$9.869\ 2\times10^{-1}$	$7.500\ 6\times10^2$	$1.019\ 7\times10^4$
1	1×10^{-5}	$1.019\ 7\times10^{-5}$	$9.869\ 2\times10^{-6}$	$7.500\ 6\times10^{-3}$	$1.019\ 7\times10^{-1}$
$9.806\ 7\times10^4$	$9.806\ 7\times10^{-1}$	1	$9.678\ 4\times10^{-1}$	$7.355\ 6\times10^2$	1×10^4
$1.013\ 3\times10^5$	1.013 3	1.033 2	1	$7.600\ 0\times10^2$	$1.033\ 2\times10^4$
$1.333\ 2\times10^2$	$1.333\ 2\times10^{-3}$	$1.359\ 5\times10^{-3}$	$1.315\ 8\times10^{-3}$	1	$1.359\ 5\times10^1$
9.806 7	$9.806\ 7\times10^{-5}$	1×10^{-4}	$9.678\ 4\times10^{-5}$	$7.355\ 6\times10^{-2}$	1

2. 功、能量、热量单位换算

kJ	kgf·m	kcal	kW·h	
千焦	千克力·米	千卡	千瓦·小时	马力·小时
1	$1.019\ 7\times10^2$	$2.388\ 5\times10^{-2}$	$2.777\ 8\times10^{-4}$	$3.776\ 7\times10^{-4}$
$9.806\ 7\times10^{-3}$	1	$2.342\ 3\times10^{-3}$	$2.724\ 1\times10^{-6}$	$3.703\ 7\times10^{-6}$
4.186 8	$4.269\ 4\times10^2$	1	1.163×10^{-3}	$1.581\ 2\times10^{-3}$
$3.600\ 7\times10^3$	3.671×10^5	$8.598\ 5\times10^2$	1	1.359 6
$2.647\ 8\times10^3$	$2.700\ 5\times10^5$	$6.324\ 2\times10^2$	7.355×10^{-1}	1

3. 功率单位换算

W	kcal/h	kgf·m/s	
瓦	千卡/时	千克力·米/秒	马力
1	8.5985×10^{-1}	1.0197×10^{-1}	1.3596×10^{-3}
1.163	1	1.1859×10^{-1}	1.5812×10^{-3}
9.8065	8.4322	1	1.3333×10^{-2}
7.355×10^2	6.3242×10^2	75	1

参 考 文 献

白金明.2002. 沼气综合利用［M］. 北京：中国农业科技出版社.

白廷弼.1990. 新型家用水压式沼气池［M］. 兰州：甘肃科技出版社.

卞有生.2000. 生态农业中废弃物的处理与再生利用［M］. 北京：化学工业出版社.

曹国强.1986. 沼气建池［M］. 北京：北京师范学院出版社.

顾树华，张希良，王革华.2001. 能源利用与农业可持续发展［M］. 北京：北京出版社.

郭世英，蒲嘉禾.1988. 中国沼气早期发展历史［M］. 重庆：科技文献出版社重庆分社.

胡海良，卢家翔.1998. 南方沼气池综合利用新技术［M］. 南宁：广西科技出版社.

黄光裕.1992. 农村沼气实用技术［M］. 长沙：湖南科技出版社.

李长生.1995. 农家沼气实用技术［M］. 北京：金盾出版社.

刘英.2002. 农村沼气实用新技术［M］. 成都：农业部沼气科学研究所.

M. 德莫因克，M. 康斯坦得，等.1992. 欧洲沼气工程和沼气利用［M］. 成都：成都科技大学出版社.

农业部环保能源司，中国农学会.2003. 农村沼气技术挂图［M］. 北京：中国农业出版社.

农业部环保能源司，中国农学会.2003. 水稻生态栽培技术系列挂图［M］. 北京：中国农业出版社.

农业部环保能源司，中国农业出版社.2001. 生态家园进农家［M］. 北京：中国农业出版社.

农业部环保能源司，中国农业出版社.2002. 沼气用户手册［M］. 北京：中国农业出版社.

农业部环保能源司.1995. 北方农村能源生态模式［M］. 北京：中国农业

出版社.

农业部环保能源司.1990.中国沼气十年［M］.北京：中国科学技术出版社.

农业部环保能源司.1990.沼气技术手册［M］.成都：四川科技出版社.

农业部沼气科学研究所.2001.农村沼气生产与利用100问［M］.北京：中国农业科技出版社.

彭景勋.1997.小康型沼气池［M］.北京：中国农业出版社.

邱凌.1990.沼气发酵与综合利用［M］.杨凌：天则出版社.

邱凌.1997.农家沼气综合利用技术［M］.西安：西北大学出版社.

邱凌.1997.沼气与庭园生态农业［M］.北京：经济管理出版社.

邱凌.1998.农村沼气工程理论与实践［M］.西安：世界图书出版公司.

邱凌.2004.沼气生产工（上册）［M］.北京：中国农业出版社.

邱凌.2013.沼气物管员（高级工）［M］.北京：中国农业出版社.

宋洪川，张无敌，尹芳.2003.农村户用沼气池知识问答［M］.昆明：云南科技出版社.

王革华.1999.农村能源基础知识［M］.北京：中国农业大学出版社.

谢建.1999.太阳能利用技术［M］.北京：中国农业大学出版社.

杨邦杰.2002.农业生物环境与能源工程［M］.北京：中国科学技术出版社.

姚永福，徐洁泉.1989.中国沼气技术［M］.北京：中国农业出版社.

苑瑞华.2001.沼气生态农业技术［M］.北京：中国农业出版社.

张百良.1999.农村能源工程学［M］.北京：中国农业出版社.

张无敌.2002.沼气发酵残留物利用基础［M］.昆明：云南科技出版社.

张无敌，宋洪川，尹芳.2003.沼气发酵残留物综合利用技术［M］.昆明：云南科技出版社.

郑平，冯孝善.1997.废物生物处理理论和技术［M］.杭州：浙江教育出版社.

周孟津，张榕林，蔺金印.2004.沼气实用技术［M］.北京：化学工业出版社.

周孟津.1999.沼气生产利用技术［M］.北京：中国农业大学出版社.

图书在版编目（CIP）数据

沼气技术手册. 户用沼气篇 / 邱凌，董保成，李景明主编 . —北京：中国农业出版社，2014.12
ISBN 978-7-109-19979-8

Ⅰ.①沼⋯　Ⅱ.①邱⋯　②董⋯　③李⋯　Ⅲ.①甲烷-技术手册　Ⅳ.①S216.4 - 62

中国版本图书馆 CIP 数据核字（2014）第 304100 号

中国农业出版社出版
（北京市朝阳区麦子店街 18 号楼）
（邮政编码 100125）
策划编辑　张德君
文字编辑　曾琬淋

中国农业出版社印刷厂印刷　新华书店北京发行所发行
2014 年 12 月第 1 版　2014 年 12 月北京第 1 次印刷

开本：850mm×1168mm 1/32　印张：9.25
字数：230 千字
定价：25.00 元
（凡本版图书出现印刷、装订错误，请向出版社发行部调换）